Abhandlungen und Vorträge
aus dem Gebiete der
Mathematik, Naturwissenschaft und Technik

1. Heft. Die neue Mechanik. Von H. Poincaré. 4. Aufl. M. 4.80

Die kleine Schrift behandelt die durch Einführung der relativistischen Anschauung bedingte grundlegende Umwandlung der physikalischen Begriffe Kraft und Masse und beleuchtet die daraus sich ergebenden Folgerungen nach vielen Seiten hin, insbesondere für astronomische Fragen. Die ungemein klare, alle Grundgedanken scharf hervorhebende Darstellung ermöglicht auch dem Fernerstehenden ein leichtes Eindringen in den so schwierigen Stoff.

2. Heft. Physikalisches über Raum und Zeit. Von Prof. Dr. E. Cohn. 4. Auflage. Geh. M. 4.80

In gemeinverständlicher Weise wird dargelegt, welche wissenschaftlichen Erfahrungen zur Aufstellung der Relativitätstheorie geführt haben, und welche Bedeutung dieses neue Prinzip für unsere physikalische Auffassung von Raum und Zeit hat. Die vorliegende Schrift ist ständig bemüht, scharf hervortreten zu lassen, was beobachtbare Tatsache, was willkürliche Festsetzung und was notwendige Folgerung ist.

3. Heft. Das Relativitätsprinzip. Eine Einführung in die Theorie. Von Prof. Dr. A. Brill. Mit 6 Figuren. 4. Auflage. M. 8.40

„Die große Reichhaltigkeit des Inhalts, die fesselnde Art des Vortrages, die Behandlung auch der mehr philosophischen Seite der Probleme machen das Buch für jeden wichtig und wertvoll, der die Folgerungen und Fortschritte der Relativitätstheorie kennen lernen will." (Sokrates.)

4. Heft. Der Hohennersche Präzisionsdistanzmesser und seine Verbindung mit einem Theodolit (D.R.P. Nr. 277000). Einrichtung und Gebrauch des Instrumentes für die verschiedenen Zwecke der Tachymetrie; mit Zahlenbeispielen sowie Genauigkeitsversuchen. Von Prof. Dr.-Ing. H. Hohenner. Mit 7 Abbildungen im Text und 1 Tafel. Geh. M. 9.60

Erörtert die theoretischen Grundlagen dieses neuen optischen Entfernungsmessers, seine Wirkungsweise und seine Vorzüge gegenüber den bisherigen Instrumenten sowie seine vielseitige Verwendbarkeit bei größtmöglicher Genauigkeit.

5. Heft. Raum, Zeit und Relativitätstheorie. Gemeinverständl. Vorträge von Prof. Dr. L. Schlesinger. Mit 2 Taf. u. 5 Fig. M. 8.40

Die Abhandlung, aus einem Vortrag hervorgegangen, der sich an Gebildete aller Stände wendet, behandelt die allgemeine und spezielle Relativitätstheorie. Sie setzt nur ein Mindestmaß an mathematischen Kenntnissen voraus und bedient sich vorwiegend graphischer Methoden.

6. Heft. Der Kreiselkompaß. Von Dr. K. Hochmuth. Mit 20 Fig. im Text. M. 12.—

Die Schrift gibt eine bisher noch nicht vorhandene knappe aber ebenso klare Darstellung der Grundprinzipien der Theorie wie der Konstruktion des Apparates.

8. Heft. Naturwissenschaft und Technik der Gegenwart. Von Prof. Dr. R. von Mises. [U. d. Pr. 21.]

In fesselnder Darstellung führt der bekannte Gelehrte weiteren Kreisen der Gebildeten die große Bedeutung vor Augen, die den neuesten naturwissenschaftlichen Forschungen innerhalb unseres gesamten geistigen Lebens zukommt, und zeigt, in welchem Verhältnis diese zu den sich überstürzenden technischen Fortschritten stehen. Dabei werden vor allem auch die Grundgedanken der Relativitätstheorie und der modernen Atomistik gemeinverständlich dargelegt.

VERLAG VON B. G. TEUBNER IN LEIPZIG UND BERLIN

ABHANDLUNGEN UND VORTRÄGE AUS DEM GEBIETE
DER MATHEMATIK, NATURWISSENSCHAFT UND TECHNIK

HEFT 7

DIE GRUNDGLEICHUNGEN DER MECHANIK

INSBESONDERE STARRER KÖRPER

NEU ENTWICKELT
MIT GRASSMANNS PUNKTRECHNUNG

VON

Dr. ALFRED LOTZE

STUDIENDIREKTOR IN STUTTGART

Springer Fachmedien Wiesbaden GmbH 1922

SCHUTZFORMEL FÜR DIE VEREINIGTEN STAATEN VON AMERIKA:

© SPRINGER FACHMEDIEN WIESBADEN 1922
URSPRÜNGLICH ERSCHIENEN BEI B.G. TEUBNER IN LEIPZIG 1922

ISBN 978-3-663-15531-7   ISBN 978-3-663-16103-5 (eBook)
DOI 10.1007/978-3-663-16103-5

Vorwort.

Die vorliegende Arbeit ist ein Auszug aus einer ausführlicheren noch ungedruckten Einführung in die Mechanik materieller Punktsysteme und starrer Körper mit den Methoden der Graßmannschen Punktrechnung.

Sie ist hervorgegangen aus der Überzeugung, daß die Punktrechnung, welche in natürlichster Weise sämtliche Grundelemente des Raumes gleichmäßig der Rechnung unterwirft und deren Verknüpfungen analytisch unmittelbar durch rechnerische Grundoperationen wiedergibt, auch in der Mechanik eine weitgehende Vereinfachung und Vereinheitlichung der Methoden und eine naturgemäßere Darstellungsweise ermöglichen wird.

Mögen die Ergebnisse dieser Arbeit weitere Kreise der Mathematiker und Physiker von der Richtigkeit dieser Auffassung überzeugen.

Stuttgart, im Frühjahr 1921.

A. Lotze.

Inhalt.

Literatur.

H. Graßmanns Gesammelte Werke. Bd. I, 1 u. 2; Bd. II, 2. 1894—1902. — Mehmke, Vorlesungen über Punktrechnung I, 1. 1913.[1]) — Encyklopädie der mathem. Wissenschaften. Bd. IV, 1. 1901/08. — Schell, Theorie der Bewegung und der Kräfte. 2. Aufl. 1879/80. — Marcolongo, Theoretische Mechanik; deutsch von Timerding. 1911/12. — Schäfer, Cl., Einführung in die theoretische Physik. Bd. I. 1914. — Burali-Forti, Introduction à la géométrie différentielle suivant la méthode de Graßmann. Paris 1897. — Hyde, The directional Calculus, based upon the methods of Hermann Graßmann. Boston 1890. — Timerding, Geometrie der Kräfte. 1908. — Jahnke, Vorlesungen über Vektorenrechnung. 1905. — Ball, Theory of screws. 2. Aufl. Cambridge 1900.

---

1) „Besonders geeignet zur Einführung für mit der Punktrechnung noch nicht vertraute Leser."

Benennungen und Bezeichnungen.

Die „eigentlichen" geometrischen Größen der Punktrechnung sind in der heute wohl allgemein üblichen Benennung:

der Punkt, der Stab, das Blatt, der Block.

Für die „uneigentlichen" (∞ fernen) Elemente, in deren Benennung noch keine Einheitlichkeit herrscht, seien die folgenden Namen gewählt:

„Pfeil" für den freien Vektor, der zugleich einen ∞ fernen Punkt vertritt.

„Schild" für den freien Bivektor, der zugleich einen ∞ fernen Stab vertritt.

„Spat" für den Trivektor, der zugleich die ∞ ferne Ebene vertritt.

Für Stab- (und Schild-) Summen führte Hyde den Namen „Schraube" ein (s. Hyde, Directional Calculus S. 62).

Wir bezeichnen im folgenden stets:

a) Größen 1. Stufe (Punkte, Pfeile)   mit kleinen latein. Buchstaben

b)   „   2.   „   (Stäbe, Schilde, Schrauben) „ großen   „   „

c)   „   3.   „   (Blätter, Spate)   „ kleinen griech.   „

d)   „   4.   „   (Blöcke, d. h. Skalare)   „ großen   „   „

Uneigentliche Größen (Pfeile, Schilde, Spate) werden im Bedarfsfalle durch Überstreichen als solche gekennzeichnet. $\bar{\omega}$ = Einheitsspat!

e) Zahlgrößen (Vorzahlen, Parameter usw.) mit kleinen deutschen Buchstaben.

f) Graßmannsche Quotienten (extensive Brüche) mit großen deutschen Buchstaben.

g) Lückenausdrücke mit großen deutschen unterstrichenen Buchstaben.

h) Winkel durch $\hat{\alpha}$, $\hat{\varphi}$, $\hat{\delta}$; $\widehat{AB}$, $\widehat{G\epsilon}$, $\widehat{\varphi\psi}$; usw.[1])

i) Die Ergänzung eines Pfeils $\bar{v}$ in der Ebene als Hauptgebiet 2. Stufe (im ebenen Pfeilfeld) durch L. $L\bar{v}$ ist der Pfeil, in welchem $\bar{v}$ durch positive Drehung um $\frac{\pi}{2}$ übergeht.[2])

k) Die Ergänzung eines Pfeils $\bar{v}$ oder Schilds $\overline{W}$ im Raum als Hauptgebiet 3. Stufe (im räumlichen Pfeilfeld) durch $\perp$. $\perp \bar{v}$ ist ein Schild senkrecht zu $\bar{v}$ von gleichem Zahlwert und solchem Umlaufssinn, daß $\bar{v} \perp \bar{v} = + v^2 \cdot \bar{\omega}$. $\perp \overline{W}$ ist ein Pfeil senkrecht $\overline{W}$ von gleichem Zahlwert und solchem Richtungssinn, daß $\overline{W} \perp \overline{W} = + w^2 \cdot \bar{\omega}$ (mod $\bar{v} = v$; mod $\overline{W} = w$).[3])

l) Die Ergänzung von Stäben in der Ebene als Hauptgebiet 3. Stufe und die Ergänzung von Stäben und Blättern im Raum als Hauptgebiet 4. Stufe durch | (vgl. Mehmke, Vorlesungen § 78 u. § 80).

m) Durch „$\equiv$" (lies kongruent), daß zwei Größen gleicher Stufe sich nur durch einen Zahlfaktor unterscheiden.

Anmerkung. Zur Vermeidung von Zweideutigkeit wurde an einigen Stellen die regressive Multiplikation durch o bezeichnet.

Von einer durchgehenden Bezeichnung äußerer Produkte durch eckige Klammern wurde abgesehen. Die Klammern verschiedener Art haben vielmehr überall die gewohnte Bedeutung.

---

1) Nach E. Müller in Zeitschrift für Math. u. Phys. Bd. 49, S. 90/91.

2) s. Graßmann, Werke I,2 § 331, S. 207/08.

3) s.   „   „   „ § 335, S. 211/12.

Einige Zerlegungsformeln
für 3-faktorige Produkte im Raum als Hauptgebiet 4. Stufe
in dualer Gegenüberstellung.

1a) $ab \cdot c = a \cdot bc.$	1b) $\alpha\beta \cdot \gamma = \alpha \cdot \beta\gamma.$
2a) $ab \cdot C = a \cdot bC.$	2b) $\alpha\beta \cdot C = \alpha \cdot \beta C.$
3a) $ab \cdot \gamma = a\gamma \cdot b - b\gamma \cdot a.$	3b) $\alpha\beta \cdot c = \alpha c \cdot \beta - \beta c \cdot \alpha.$
4a) $AB \cdot c = Ac \cdot B + Bc \cdot A.$	4b) $AB \cdot \gamma = A\gamma \cdot B + B\gamma \cdot A.$

$$5)\ aB \cdot \gamma = a\gamma \cdot B + B\gamma \cdot a$$

oder anders geschrieben: $5)\ \gamma B \cdot a = \gamma a \cdot B + Ba \cdot \gamma.$

Gl. (5) ist also sich selbst dual!

Über die Ableitung der Gl. (4) und (5) vgl. etwa:

Graßmann, Ges. Werke I, 2, S. 422/24 [Gl. (10); (18); (22)].

Einleitung: Kinematik des einzelnen Punkts.

Wir betrachten im folgenden, falls nicht anders vermerkt, Punkte stets als einfache Punkte, d. h. solche mit dem Zahlwert „1“ und setzen andere Zahlwerte stets als Vorzahlen gesondert bei.

Die stetige Bewegung eines Punkts p ist dann bestimmt, wenn seine Lage als Funktion der Zeit t gegeben ist:

$$(1) \qquad p = p\,(t)$$

und der Differentialquotient $\dfrac{dp}{dt} = p$ stellt, gemäß seiner Bedeutung:
$\dot{p} = \lim \dfrac{p_1 - p}{\varDelta t} \Big/ \varDelta t = 0$, den Pfeil (freien Vektor) der Geschwindigkeit dar. Wie jeder Pfeil, läßt sich derselbe auch als Produkt seines Zahlwerts $\mathfrak{v}$ mit dem entsprechenden Einheitspfeil $\bar{t}$ betrachten:

$$(2) \qquad \dot{p} = \frac{dp}{d\mathfrak{s}} \cdot \frac{d\mathfrak{s}}{dt} = \mathfrak{v} \cdot \bar{t} \quad (d\mathfrak{s} = \text{Bogenelement}).$$

Erscheint p als Funktion mehrerer Zahlveränderlicher $\mathfrak{u}_1 \cdots \mathfrak{u}_n$, so stellt sich jede infinitesimale Verschiebung desselben dar als:

$$(3) \qquad \delta p = \sum_n \frac{\partial p}{\partial \mathfrak{u}_n}\, \delta \mathfrak{u}_n$$

$$(3') \quad \text{und es wird} \qquad \dot{p} = \sum \frac{\partial p}{\partial \mathfrak{u}_n} \cdot \dot{\mathfrak{u}}_n$$

d. h. der Pfeil der Gesamtgeschwindigkeit ist die geometrische Summe der Teilgeschwindigkeiten $\dfrac{\partial p}{\partial \mathfrak{u}_n} \cdot \dot{\mathfrak{u}}_n$. Dabei können die $\mathfrak{u}_n$ insbesondere auch die kartesischen Koordinaten des Punkts bedeuten. In diesem Falle wären die $\dfrac{\partial p}{\partial \mathfrak{u}_n}$ konstante Einheitspfeile in Richtung der positiven Koordinatenachsen.

Die Punktrechnung gestattet nun, auch die Lage der Bahntangente als wesentliches Merkmal der Geschwindigkeit in die Betrachtung aufzunehmen; sie liefert für den „Geschwindigkeitsstab“ unmittelbar den Ausdruck:

$$(4) \qquad G = p\dot{p}$$

$$(5) \quad \text{und statt } (3') \quad G = p\dot{p} = \sum \left[p\, \frac{\partial p}{\partial \mathfrak{u}_n} \right] \cdot \dot{\mathfrak{u}}_n.$$

Es sei bemerkt, daß diese Darstellung der Geschwindigkeit **ohne weiteres** auch in der nichteuklidischen Mechanik verwendbar bleibt, während in der elliptischen Geometrie $\dot{p}$ stets einen Punkt, also nicht mehr die Geschwindigkeit nach Größe und Richtung darstellt.

Der Beschleunigungspfeil ist bekanntlich durch $\dfrac{d^2p}{dt^2} = \ddot{p}$ bestimmt; ebenso der „Beschleunigungsstab" durch $p\ddot{p}$. Da $\dfrac{d\,[p\dot{p}]}{dt} = p\ddot{p}$, so erscheint der Beschleunigungsstab als Ableitung des Geschwindigkeitsstabs nach der Zeit. Endlich folgt aus (2) durch Differentiation nach t:

$$(6) \qquad \ddot{p} = \dot{\mathfrak{v}}\,\bar{t} + \mathfrak{v}\dot{\bar{t}} = \dot{\mathfrak{v}}\,\bar{t} + \frac{\mathfrak{v}^2}{\mathfrak{r}}\,\bar{n} \;\; {}^{1})$$

als bekannte Zerlegung der Beschleunigung in eine Tangentialkomponente $\dot{\mathfrak{v}}\,\bar{t}$ und eine Normalkomponente $\dfrac{\mathfrak{v}^2}{\mathfrak{r}}\,\bar{n}$.

I. Kinematik des starren Körpers.

1. Endliche Verrückung eines starren Körpers.

Eine solche ist dargestellt durch

$$(1) \qquad p_2 = \Re\,(p_1),$$

wo $\Re$ einen gewissen Graßmannschen Quotienten bezeichnet: $\Re = \dfrac{m_2;\, a_2,\, b_2,\, c_2}{m_1;\, a_1,\, b_1,\, c_1}$. Daß diese lineare Transformation eine (direkte) Kongruenz darstellen soll, bringen wir zum Ausdruck, indem wir für m_1 einen beliebigen Punkt des Körpers, für a_1, b_1, c_1 3 beliebige im Körper feste Pfeile $\bar{a}_1, \bar{b}_1, \bar{c}_1$ wählen, welche aus diesen Anfangslagen in m_2 bzw. $\bar{a}_2, \bar{b}_2, \bar{c}_2$ übergehen ($\bar{a}_1, \bar{b}_1, \bar{c}_1$ und $\bar{a}_2, \bar{b}_2, \bar{c}_2$ = kongruente Pfeil-Tripel!). Jedem Punkt $p_1 = m_1 + \mathfrak{x}\bar{a}_1 + \mathfrak{y}\bar{b}_1 + \mathfrak{z}\bar{c}_1$ entspricht nach der Verrückung der Punkt $p_2 = m_2 + \mathfrak{x}\bar{a}_2 + \mathfrak{y}\bar{b}_2 + \mathfrak{z}\bar{c}_2$, also jedem Pfeil $p_1 - m_1 = \mathfrak{x}\bar{a}_1 + \mathfrak{y}\bar{b}_1 + \mathfrak{z}\bar{c}_1$ der Pfeil $p_2 - m_2 = \mathfrak{x}\bar{a}_2 + \mathfrak{y}\bar{b}_2 + \mathfrak{z}\bar{c}_2$. Soll ein **Pfeil d** bei der Transformation **invariant** bleiben:

$$\bar{d} = \mathfrak{x}\bar{a}_1 + \mathfrak{y}\bar{b}_1 + \mathfrak{z}\bar{c}_1 = \mathfrak{x}\bar{a}_2 + \mathfrak{y}\bar{b}_2 + \mathfrak{z}\bar{c}_2$$

$$(2) \quad \text{so ist:} \quad \mathfrak{x}\,(\bar{a}_2 - \bar{a}_1) + \mathfrak{y}\,(\bar{b}_2 - \bar{b}_1) + \mathfrak{z}\,(\bar{c}_2 - \bar{c}_1) = 0.$$

Notwendige und hinreichende Bedingung hierfür ist:

$$(3) \quad (\bar{a}_2 - \bar{a}_1)\,(\bar{b}_2 - \bar{b}_1)\,(\bar{c}_2 - \bar{c}_1) = 0 \quad \text{oder kurz:} \quad \overline{u}\,\overline{v}\,\overline{w} = 0.$$

${}^{1})$ $\bar{n}$ = Einheitspfeil der Hauptnormale; $\mathfrak{r}$ = Krümmungsradius der Bahnkurve!

Daß dieselbe für kongruente Transformationen identisch erfüllt ist, ist leicht zu zeigen, und man erhält zur eindeutigen Bestimmung der invarianten Richtung $\bar{d}$ mittels (2):

$$(4) \qquad \mathfrak{x} : \mathfrak{y} : \mathfrak{z} = \mathrm{mod}\ \bar{v}\bar{w} : \mathrm{mod}\ \bar{w}\bar{u} : \mathrm{mod}\ \bar{u}\bar{v}.$$

Andrerseits läßt sich auch zeigen, daß die Produkte $\bar{d}\perp\bar{u}$, $\bar{d}\perp\bar{v}$ und $\bar{d}\perp\bar{w}$ verschwinden, daß also $\bar{d}$ auf den nach (3) komplanaren Pfeilen $\bar{u}, \bar{v}, \bar{w}$ senkrecht steht.

Damit erhalten wir als zweiten Ausdruck für $\bar{d}$:

$$\bar{d} \equiv \perp [\bar{v}\bar{w}] \equiv \perp [\bar{w}\bar{u}] \equiv \perp [\bar{u}\bar{v}]$$

$$(5) \qquad \text{oder symmetrisch:} \qquad \bar{d} = \perp [\bar{v}\bar{w} + \bar{w}\bar{u} + \bar{u}\bar{v}],$$

womit zugleich $\bar{d}$ ein bestimmter Zahlwert zugeordnet wird.

Ist insbesondere $m_1 = m_2 = m$, so bleibt auch jeder Punkt $m + \mathfrak{r}\bar{d}$ invariant, d. h. „jede Bewegung um einen festen Punkt m ist äquivalent einer Drehung um die Achse $m\bar{d}$" (Satz von d'Alembert u. Euler 1749/50).

Der Drehwinkel $\widehat{\varphi}$ bestimmt sich dann noch aus der Gleichung:

$$(6) \qquad \sin \widehat{\varphi} = \frac{\mathrm{mod}\ \bar{e}\,\bar{v}_1\,\bar{v}_2}{\mathrm{mod}\ \bar{e}\,\bar{v}_1 \cdot \mathrm{mod}\ \bar{e}\,\bar{v}_2} . ^{1)}$$

Im allgemeinsten Fall $(m_1 \neq m_2)$ erhalten wir für die Verschiebungen der Punkte $p_1 = m_1 + \bar{a}_1$, $q_1 = m_1 + \bar{b}_1$, $r_1 = m_1 + \bar{c}_1$:

$$\bar{p} = p_2 - p_1 = m_2 - m_1 + \bar{a}_2 - \bar{a}_1 = \bar{m} + \bar{u}$$
$$\bar{q} = q_2 - q_1 = m_2 - m_1 + \bar{b}_2 - \bar{b}_1 = \bar{m} + \bar{v}$$
$$\bar{r} = r_2 - r_1 = m_2 - m_1 + \bar{c}_2 - \bar{c}_1 = \bar{m} + \bar{w}$$

und hieraus $\quad \bar{q}\bar{r} + \bar{r}\bar{p} + \bar{p}\bar{q} = \bar{v}\bar{w} + \bar{w}\bar{u} + \bar{u}\bar{v}$

$$(7) \quad \text{also} \qquad \bar{d} = \perp [\bar{q}\bar{r} + \bar{r}\bar{p} + \bar{p}\bar{q}].$$

womit die invariante Richtung als Funktion der Verschiebungen dreier beliebiger, unabhängiger, im Körper fester Punkte dargestellt ist.

Aus (7) folgen leicht eine Reihe von Sätzen Chasles', z. B. derjenige über die Konstruktion der invarianten Richtung aus den Verschiebungen dreier Körperpunkte.

Offenbar geht jede Punktreihe der Form $s_1 + \mathfrak{t}\bar{d}$ über in eine dazu kongruente, parallel liegende $s_2 + \mathfrak{t}\bar{d}$. Sollen beide in einer Geraden liegen, so muß $s_2 - s_1$ parallel $\bar{d}$ sein. Soll s_1 außerdem in der Ebene $p_1\,q_1\,r_1$ liegen, so folgt aus der Forderung:

---

1) $\bar{e} = \dfrac{\bar{d}}{\mathrm{mod}\ \bar{d}}$; $\bar{v}_1$ und $\bar{v}_2$ = beliebiger im Körper fester Pfeil in Anfangs- und Endlage.

$$'s_2 - s_1 = \mathfrak{l}\,\overline{d}$$

wegen $s_1 = \mathfrak{p}p_1 + \mathfrak{q}q_1 + \mathfrak{r}r_1$,   also $s_2 = \mathfrak{p}p_2 + \mathfrak{q}q_2 + \mathfrak{r}r_2$,

(8) $$\mathfrak{p}:\mathfrak{q}:\mathfrak{r} = \operatorname{mod}\overline{q}\,\overline{r}\,\overline{d} : \operatorname{mod}\overline{r}\,\overline{p}\,\overline{d} : \operatorname{mod}\overline{p}\,\overline{q}\,\overline{d}.$$

Damit ist der Punkt s_1 eindeutig bestimmt und der Charakter der Bewegung erkannt: die Verrückung kann erzeugt werden durch eine Translation parallel zu $\overline{d}$ und eine Rotation um Achse $s_1\,\overline{d}\ (= s_2\,\overline{d})$, d. h. durch eine „Schraubung" (Satz von Mozzi-Chasles).

Für den Zahlwert der Translation ergibt sich

$$\operatorname{mod}\overline{t} = \frac{\operatorname{mod}\overline{p}\,\overline{q}\,\overline{r}}{\operatorname{mod}\overline{d}},$$

während der Drehwinkel $\widehat{\varphi}$ auch im allgemeinen Fall bereits durch (6) bestimmt ist.

Die Deutung der Gleichung (8) liefert zugleich einen hübschen Beweis für die von Prof. Mehmke[1]) seinerzeit ohne Beweis mitgeteilte neue Konstruktion der Schraubenachse.

2. Kinematische Grundgleichung des starren Körpers.

Wird ein starrer Körper um Achse A $(\operatorname{mod} A = 1)$ um den Winkel $\widehat{\varphi}$ gedreht, so ist die endliche Verrückung δp des beliebigen Punkts p analytisch gegeben durch:

(1) $$\delta p = |\,[Ap]\cdot\sin\widehat{\varphi} - [(Ap)\circ|\,A]\,(1 - \cos\widehat{\varphi}),$$

d. h. δp ist eine lineare homogene Funktion von p, nicht aber von A und $\widehat{\varphi}$.

Nur im Falle infinitesimaler Verrückung wird bei Vernachlässigung eines Glieds höherer Ordnung:

$$dp = |\,[Ap]\,d\widehat{\varphi}\qquad \text{und nach Division mit } dt:$$

(2) $$\dot{p} = |\,[Ap]\cdot\dot{\widehat{\varphi}} = |\,[Up],$$

wenn wir den Stab der Winkelgeschwindigkeit $U = A\dot{\widehat{\varphi}}$ einführen. Hat der Körper jedoch eine Translationsgeschwindigkeit $\overline{t}$, so gilt für alle seine Punkte: $\dot{p} = \overline{t}$. Die Punktrechnung ermöglicht aber hierfür die Schreibweise:

(3) $$\dot{p} = \overline{t} = \perp\overline{T} = |\,[\overline{T}p].$$

Durch (2) und (3) sind erstmalig Drehung und Schiebung durch völlig analoge Formeln dargestellt. Die Schiebung erscheint gewissermaßen als Drehung um die ∞ ferne Gerade, welche der Schild $\overline{T}$ vertritt.

---

1) Civilingenieur 1883 S. 207.

Da jegliche Art von Multiplikation, sowie die Operation „Ergänzung" distributiv sind, so erhalten wir bei Vernachlässigung der Glieder höherer Ordnung für eine beliebige Anzahl gleichzeitiger momentaner Drehungen oder Schiebungen $U_1 \cdots U_n$:

$$(4) \qquad \dot{p} = |\ [(U_1 + U_2 + \cdots U_n)p],$$

worin die U_i jetzt Stäbe **oder** Schilde bedeuten, je nachdem sie eine Rotations- oder eine Translationsgeschwindigkeit charakterisieren sollen. Bezeichnen wir noch die Größe 2. Stufe: $\sum U_i$ kurz mit S, so erhalten wir an Stelle von (4) die **kinematische Grundgleichung des starren Körpers**:

$$(5) \qquad \dot{p} = |\ [Sp].$$

Diese Gleichung enthält im Gegensatz zu allen bisherigen Darstellungen keinerlei willkürliche Elemente mehr und gibt die erstmalige Lösung einer Frage von grundlegender Bedeutung: sie liefert nämlich eine **vollkommene Synthese der Translation und Rotation** des starren Körpers in **einem** analytischen Ausdruck und bildet die ausreichende Grundlage für eine neue Darstellung der Kinematik und Dynamik des starren Körpers.

Gl. (5) besagt u. a.: „Der Geschwindigkeitspfeil des Körperpunkts p ist eine lineare homogene Funktion, sowohl des Punkts p als auch der **Schraubengeschwindigkeit** S".

3. Grundlegende Sätze über Größen 2. Stufe.

Da nach § 2 Gl. (5) die Momentanbewegung nur abhängt von der Schraubengeschwindigkeit S, nicht aber von der Art ihrer Zusammensetzung, so entspricht jedem Satz über äquivalente Zerlegungen einer Größe 2. Stufe ohne weiteres ein solcher über äquivalente Zerlegungen einer Momentanbewegung.

Insbesondere gilt:

$$(1) \qquad 1.\ \text{Ist } S = \sum U_i + \sum \overline{T}_k = \sum U_g + \sum \overline{T}_h,$$

so gibt regressive Multiplikation mit dem Einheitsspat ϖ:

$$(2) \qquad \sum U_i \varpi = \sum U_g \cdot \varpi = \overline{w},$$

da ja das Produkt eines Schilds mit ϖ verschwindet, d. h.

„Die geometrische Summe der den Stäben einer bestimmten Zerlegung von S zugehörigen Pfeile $\sum \overline{u}_i = \sum U_i \varpi$ ist unabhängig von der besonderen Art der Zerlegung und von den in S auftretenden Schilden."

2. S reduziert sich dann und nur dann auf einen Stab oder einen Schild, wenn $SS = 0$ ist. Ist dabei $S\varpi \neq 0$, so stellt S einen Stab dar, andernfalls einen Schild. Übrigens ist $S\varpi = 0$ allein schon ein hinreichendes Kennzeichen eines Schilds.

3. Führt man für Stäbe und Stabsummen gemäß **Mehmke** (Vorl. § 80) den Ergänzungsbegriff ein, so folgt aus (1):

$$(3) \qquad |\,S = \sum |\,U_i = \sum \perp \bar{u}_i = \perp \bar{w},$$

da ja $|\,\overline{T}_i$ verschwindet. Ist $S\bar{\omega} = 0$, so verschwindet auch $|\,S$; demnach ist auch $|\,S = 0$ ein notwendiges und hinreichendes Kennzeichen für einen Schild; ebenso $S\,|\,S = 0$.

4.   a) S ist vieldeutig darstellbar als „Stabkreuz":

$$(4) \qquad S = U_1 + V_1 = U_2 + V_2 = \cdots; \qquad \text{hieraus folgt:}$$

$$(5) \qquad \frac{SS}{2} = U_1 V_1 = U_2 V_2 = \cdots,$$

d. h.: Äquivalente Stabkreuze bestimmen Blöcke (Tetraëder) von gleichem Inhalt (Satz von **Chasles** bzw. von **Baltzer**, wenn U oder V in einen Schild ausartet).

b) Die Zerlegung wird **ein**deutig, wenn die **Lage** des einen Stabs vorgeschrieben ist. Denn aus $S = \mathfrak{p}A + X$ oder $X = S - \mathfrak{p}A$ (mod $A = 1$) folgt:

$$(6) \qquad XX = 0 = SS - 2\mathfrak{p}SA \quad \text{oder} \quad \mathfrak{p} = \frac{SS}{2SA}.$$

Die Lösung ist also eindeutig, auch wenn A ein Schild ist, falls nur SA nicht verschwindet (A nicht dem durch $SA = 0$ definierten linearen Komplex angehört).

c) Die Zerlegung wird ferner eindeutig, wenn U durch Punkt c gehen und V in Ebene ϵ liegen soll, welche nicht durch c geht ($c\epsilon \neq 0$!). Denn wählt man mod ϵ so, daß $c\epsilon = 1$, so ist nach Zerlegungsformel (5):

$$(7) \qquad S = [c\epsilon] \cdot S = \underbrace{c \cdot S\epsilon}_{=U} + \underbrace{cS \cdot \epsilon}_{=V}.$$

An Stelle von c kann auch ein Pfeil $\bar{a}$ treten, dem U parallel sein soll. Ist $\bar{a} \equiv |\,\epsilon$, so wird S in zwei zueinander senkrechte Stäbe zerlegt, deren einer in ϵ liegt.

Für $\epsilon = \bar{\omega}$ wird insbesondere

$$(8) \qquad S = [c\bar{\omega}] \cdot S = \underbrace{c \cdot S\bar{\omega}}_{U} + \underbrace{cS \cdot \bar{\omega}}_{\overline{T}}$$

als Zerlegung in einen Stab durch c und einen Schild parallel der Nullebene von c.

5. S ist vor allem eindeutig darstellbar als Summe eines Stabs und eines dazu senkrechten Schilds. Denn aus dem Ansatz: $S = W + \mathfrak{p}\,|\,W$ folgt, da $|\,(|\,W)$ verschwindet:

$$|\,S = |\,W \quad \text{und} \quad S\bar{\omega} = W\bar{\omega} \;(\neq 0, \text{nach Vorauss.}),$$

folglich $W = S - \mathfrak{p} \mid S$. Soll also W ein Stab sein, so ist

$$WW = SS - 2\mathfrak{p}\,S \mid S = 0 \quad \text{oder} \quad \mathfrak{p} = \frac{SS}{2S \mid S},$$

(9) $$\text{somit} \quad \boldsymbol{W = S - \frac{SS}{2S\mid S} \cdot \mid S}$$

(10) und $$S = W + \frac{SS}{2S\mid S} \cdot \mid W$$

als stets eindeutig bestimmte „Normalform" von S, falls SS, und damit auch $S \mid S$, nicht verschwindet. Wir nennen W die Zentralachse von S. Die vorstehende Herleitung bzw. Darstellung der „Normalform" für S bedarf im Gegensatz zu allen bisherigen Verfahren keinerlei willkürlicher Hilfsgrößen und ist bisher nirgends in dieser einfachen Weise bewiesen.

Die kinematische Deutung der oben entwickelten Sätze auf Grund der „kinematischen Grundgleichung" liegt auf der Hand. Insbesondere läßt sich die allgemeinste Momentanbewegung nach (10) stets auffassen als Schraubung, d. h. als Drehung um die Zentralachse W in Verbindung mit einer Translation senkrecht zu $\mid W$, d. h. parallel zu W. Dagegen gibt (8) die übliche Zerlegung der Momentanbewegung in eine Rotation $U = c\overline{u}$ um c und in eine Translation $\overline{T} = \perp \dot{c}$.

Durch das in der kinematischen Grundgleichung auftretende Produkt Sp wird jedem Punkt des Systems eine Ebene $\pi = Sp$ eindeutig zugeordnet. Diese Zuordnung definiert das durch S bestimmte Nullsystem. Auf die überaus einfache und durchsichtige Herleitung seiner Eigenschaften aus der Gleichung $\pi = Sp$ sei hier verzichtet.

4. Ebene Bewegung. Euler-Savarysche Gleichung.

Im Fall einer stetigen Bewegung ist durch $S = S(t)$ der Verlauf der Bewegung bestimmt und aus der kinematischen Grundgleichung folgen unschwer die Gesetze der Bewegung des Systems im allgemeinen wie in allen besonderen Fällen. Als Beispiel diene hier die Bewegung parallel zu einer festen Ebene α.

Wir setzen also voraus, daß dauernd

(1) $$\alpha p = \text{const.}$$

(2) oder differentiiert: $$\alpha \dot{p} = 0 = \alpha \mid Sp = pS \mid \alpha,$$

für jeden Punkt p.

Demnach ist notwendig

(3) $$S \mid \alpha = S\overline{a} = 0 \quad (\overline{a} = \mid \alpha)$$

(4) also auch $$S\overline{a} \cdot S = \frac{SS}{2} \cdot \overline{a} = 0 \quad \text{d. h. } SS = 0.$$

Die Momentanbewegung ist also in jedem Augenblick eine reine Drehung U, im Grenzfall eine reine Schiebung $\bar{T}$. U, bzw. $\bar{T}$, sind wegen (3) stets parallel $\bar{a}$, d. h senkrecht zu α. $S = U(t)$ stellt somit unmittelbar die extensive Gleichung der Achsenfläche ($=$ Zylinderfläche senkr. α) dar.

Betrachtet man die Ebene als Punktfeld dritter Stufe und folglich das Produkt dreier ihrer Punkte bereits wieder als Zahl, so ist die allgemeinste Momentanbewegung der Punkte einer zu α parallelen Ebene, die Resultante aus beliebig vielen Translationsgeschwindigkeiten $\bar{v}_i = \mathsf{L}\,\bar{t}_i$ und Rotationsgeschwindigkeiten $\mathfrak{u}_i$ um die „Pole" m_i, gegeben durch:

$$\dot{p} = \sum \left\{ \bar{v}_i + \mathfrak{u}_i \,|\, (m_i p) \right\}{}^1) \quad \text{und für} \quad \sum \mathfrak{u}_i = \mathfrak{u}$$

$$(5) \qquad \dot{p} = |\left[\sum (\bar{t}_i + \mathfrak{u}_i m_i) p \right] = \mathfrak{u} \,|\, (mp)$$

wenn wir den Punkt $(\sum \mathfrak{u}_i)\, m = \sum (\bar{t}_i + \mathfrak{u}_i m_i)$ einführen. (5) zeigt erneut, daß die ebene Momentanbewegung jeweils äquivalent ist einer reinen Drehgeschwindigkeit um den „Momentanpol" m, der im Falle $\sum \mathfrak{u}_i = 0$ ins Unendliche rückt. Wir verwenden (5) zum Beweis der **Euler-Savaryschen Gleichung**: Eine beliebige, in der beweglichen Ebene α' feste Kurve (C_1) umhülle bei ihrer Bewegung die Kurve (C_2) in der mit α' kongruenten festen Ebene α.

Es sei (C_1) gegeben durch $p = p\,(\mathfrak{q})$, wobei der Zahlparameter $\mathfrak{q}$ die Bogenlänge bedeute. Dann ist $\dfrac{\partial p}{\partial \mathfrak{q}}$ der tangentiale Einheitspfeil $\bar{t}$ in p an (C_1). Bewegt sich nun p auf (C_1), indem $\mathfrak{q} = \mathfrak{q}\,(t)$, und zugleich (C_1) mit α', so ist allgemein:

$$(6) \qquad \frac{dp}{dt} = \dot{p} = \frac{\partial p}{\partial \mathfrak{q}} \cdot \dot{\mathfrak{q}} + \frac{\partial p}{\partial t} = \frac{\partial p}{\partial \mathfrak{q}}\, \dot{\mathfrak{q}} + \mathfrak{u} \,|\, (mp).$$

Insbesondere möge p jeweils den augenblicklichen Berührungspunkt der Kurven (C_1) und (C_2) bilden; dann ist offenbar stets $\dfrac{\partial p}{\partial \mathfrak{q}} = \dfrac{\partial p}{\partial t}$ oder

$$(7) \qquad \frac{\partial p}{\partial \mathfrak{q}}\, \frac{\partial p}{\partial t} = \frac{\partial p}{\partial \mathfrak{q}} \,|\, (mp) = \bar{t} \,|\, (mp) = 0.$$

Diese Schildgleichung definiert $\mathfrak{q}$ als Funktion von t und besagt u. a., daß mp stets senkrecht ist zu $\bar{t}$. Demnach liegt m stets kollinear mit den zu p gehörigen Krümmungsmittelpunkten k_1 und k_2 der Kurven (C_1) und (C_2):

$$(8) \qquad m = \frac{\mathfrak{r}_2 k_1 + \mathfrak{r}_1 k_2}{\mathfrak{r}_1 + \mathfrak{r}_2}$$

($\mathfrak{r}_1$ und $\mathfrak{r}_2 =$ Abstände des Pols m von k_1 und k_2).

---

1) Vgl. S. V No. 1) bzw. **Mehmke**, Vorlesungen, § 78.

Weiter ist offenbar die Gesamtgeschwindigkeit $\dot{p}$ darstellbar als erzeugt durch eine Rotation um k_2:

$$(9) \qquad \dot{p} = \mathfrak{u}_2 \,|\, (k_2 p),$$

ebenso die Relativgeschwindigkeit $\dfrac{\partial p}{\partial \mathfrak{q}}\,\dot{\mathfrak{q}}$ in der Form:

$$(10) \qquad \frac{\partial p}{\partial \mathfrak{q}}\,\dot{\mathfrak{q}} = \mathfrak{u}_1 \,|\, (k_1 p)$$

(11) so daß: $\dot{p} = \mathfrak{u}_2\,|\,(k_2 p) = \mathfrak{u}_1\,|\,(k_1 p) + \mathfrak{u}\,|\,(mp).$

Aus (8) bis (11) folgt dann leicht:

$$(12) \qquad \mathfrak{u} = \frac{\mathfrak{u}_2\,(\mathfrak{r}_1 + \mathfrak{r}_2)\,\mathfrak{r}_2}{\mathfrak{r}_1\,\mathfrak{r}_2} = \mathfrak{u}_2\,\mathfrak{r}_2 \left(\frac{1}{\mathfrak{r}_1} + \frac{1}{\mathfrak{r}_2} \right).$$

Nun gibt (7) differentiiert:

$$\dot{\bar{t}}\,|\,(mp) + \bar{t}\,|\,(\dot{m}p) + \bar{t}\,|\,(m\dot{p}) = 0$$

(13)   oder: $\dfrac{d\bar{t}}{d\widehat{\varphi}}\,\dot{\widehat{\varphi}}\,|\,(mp) - \bar{t}\,\mathsf{L}\,\dot{m} + \bar{t}\,\mathsf{L}\,\dot{p} = 0$

$(d\widehat{\varphi} = \text{Kontingenzwinkel, also } \dot{\widehat{\varphi}} = \mathfrak{u}_2!)$

d. h. skalar: $-\dot{\widehat{\varphi}}\,(\mathfrak{k}_2 - \mathfrak{r}_2) - \mathfrak{v}_m \sin \widehat{\vartheta} + \mathfrak{k}_2 u_2 = 0$

$(\mathfrak{k}_2 = \text{Krümmungsradius} = \operatorname{mod} k_2 p; \ \widehat{\vartheta} = \{\dot{m}\,\widehat{\,(mp)}\,\}; \ \mathfrak{v}_m = \operatorname{mod} \dot{m})$

(14)   oder: $\mathfrak{v}_m \sin \widehat{\vartheta} = \dot{\widehat{\varphi}}\,\mathfrak{r}_2 = \mathfrak{u}_2\,\mathfrak{r}_2.$

Damit wird (12):

$$(15) \qquad \frac{\mathfrak{u}}{\mathfrak{v}_m} = \sin \widehat{\vartheta}\left(\frac{1}{\mathfrak{r}_1} + \frac{1}{\mathfrak{r}_2} \right).$$

Die linke Seite von (15) ist unabhängig von der besonderen Wahl der Kurve (C_1). Wählen wir für sie die Körperzentrode, so ist stets $m = p$ und die $\mathfrak{r}_1$ und $\mathfrak{r}_2$ gehen über in die Krümmungsradien $\mathfrak{r}'$ und $\mathfrak{r}''$ der Körper- bzw. Raum-Zentrode; gleichzeitig wird $\widehat{\vartheta} = \dfrac{\pi}{2}$ und wir erhalten:

$$(16) \qquad \frac{\mathfrak{u}}{\mathfrak{v}_m} = \frac{1}{\mathfrak{r}'} + \frac{1}{\mathfrak{r}''}$$

oder mit (15):

$$(17) \qquad \sin \widehat{\vartheta}\left(\frac{1}{\mathfrak{r}_1} + \frac{1}{\mathfrak{r}_2} \right) = \frac{1}{\mathfrak{r}'} + \frac{1}{\mathfrak{r}''};$$

die Wahl der Vorzeichen von $\mathfrak{r}_1$ und $\mathfrak{r}_2$, bzw. $\mathfrak{r}'$ und $\mathfrak{r}''$ wird durch (8) geregelt.

5. Beschleunigungszustand des bewegten starren Körpers.

Für stetige Bewegungen folgt aus der kinematischen Grundgleichung $\dot{p} = |\,(Sp)$ durch Differentiation nach t:

$$(1) \qquad \ddot{p} = |\,(\dot{S}p) + |\,(S\dot{p}) = |\,(\dot{S}p) + |\,[S\,|\,(Sp)].$$

A. Beschleunigungszentrum; Beschleunigungsellipsoid.

Soll die Beschleunigung eines Punkts p_0 verschwinden, so ist:

$$(2) \qquad \ddot{p}_0 = |\,(\dot{S}p_0) + |\,(S\dot{p}_0) = 0,$$

folglich muß $\varphi = \dot{S}p_0 + S\dot{p}_0$ ein Spat sein oder verschwinden. Notwendige und hinreichende Bedingung hierfür ist, daß das Produkt von φ mit drei unabhängigen Pfeilen $\bar{a}, \bar{b}, \bar{c}$ verschwindet:

$$\bar{a}\dot{S}p_0 + \bar{a}S\,|\,(Sp_0) = p_0\,\{S\,|\,(S\bar{a}) - \dot{S}\bar{a}\} = 0 = p_0\alpha$$

$$(3) \quad \text{und ebenso:} \qquad p_0\beta = p_0\,\{S\,|\,(S\bar{b}) - \dot{S}\bar{b}\} = 0$$

$$p_0\gamma = p_0\,\{S\,|\,(S\bar{c}) - \dot{S}\bar{c}\} = 0.$$

p_0 ist also eindeutig bestimmt als Schnittpunkt der Blätter α, β, γ, falls dieselben linear unabhängig sind. Letzterer Fall kann nur eintreten, wenn der Schild $\bar{u}\dot{\bar{u}} = S\widetilde{\omega} \cdot \dot{S}\widetilde{\omega}$ verschwindet, also der Pfeil der resultierenden Winkelgeschwindigkeit stationäre Lage hat. Dann liegt p_0 im Unendlichen oder es existiert eine „Achse" von Beschleunigungszentren.

Da $\bmod\ddot{p} = \bmod\{\dot{S}p + S\,|\,(Sp)\}$, so ist der geometrische Ort aller Punkte p von **numerisch** gleicher Beschleunigung α bestimmt durch:

$$(4) \qquad [\dot{S}p + S\,|\,(Sp)]^{\underline{2}} = \alpha^2$$

oder auch wegen $\ddot{p}_0 = 0$:

$$(4') \qquad [\dot{S}(p - p_0) + S\,|\,\{S(p - p_0)\}]^{\underline{2}} = \alpha^2.\ {}^1)$$

Diese Gleichung stellt für die verschiedenen Werte von α Ellipsoide mit Mittelpunkt p_0 dar, welche im Fall einer „Beschleunigungsachse" in Zylinder ausarten.

Da allgemein $[\varphi + \mathfrak{r}\widetilde{\omega}]^{\underline{2}} = \varphi^{\underline{2}}$, so wird für $S = U + \bar{T}$ (4') einfacher:

$$(4'') \qquad [\dot{U}(p - p_0) + U\,|\,\{U(p - p_0)\}]^{\underline{2}} = \alpha^2,$$

ja bei Beschränkung der Rechnung auf das räumliche Pfeilfeld:

$$(4''') \qquad [\dot{\bar{u}}(p - p_0) + \bar{u} \perp \{\bar{u}(p - p_0)\}]^{\underline{2}} = \alpha^2$$

---

1) Das stets als Skalar betrachtete Produkt einer Größe mit ihrer Ergänzung (**inneres Quadrat**) sei im Hauptgebiet dritter wie vierter Stufe durch den unterstrichenen Exponenten $\underline{2}$ bezeichnet.

d. h. „Für die Lage und Gestalt des Beschleunigungsellipsoids ist außer p_0 nur noch der Pfeil $\bar{u}$ der resultierenden Winkelgeschwindigkeit und dessen Derivierte nach der Zeit maßgebend".

B. Aus (1) folgen ferner mühelos **die natürlichen Komponenten der Beschleunigung,** wenn man für S die besonderen Ausdrücke wählt, in die es in den einzelnen Sonderfällen jeweils übergeht. So ist im Fall der **sphärischen** Bewegung um einen festen Punkt m: $S = U = m\bar{u} = \mathfrak{u}m\bar{e}\,(\mathrm{mod}\,\bar{e} = 1)$; demnach $\dot{S} = \dot{U} = m\dot{\bar{u}} = \dot{\mathfrak{u}}m\bar{e} + \mathfrak{u}m\dot{\bar{e}}$ und folglich:

$$\ddot{p} = |\,(m\dot{\bar{u}}p) + |\,[U\,|\,(Up)]$$

$$(5) \qquad = \mathfrak{u}\,|\,(m\dot{\bar{e}}p) + \dot{\mathfrak{u}}\,|\,(m\bar{e}p) + |\,[U\,|\,(Up)].$$

Das dritte Glied ist ein Pfeil, gerichtet von p senkrecht gegen U, vom Zahlwert $\mathfrak{u}^2 \mathfrak{r}$, die Zentripetalbeschleunigung ($\mathfrak{r} = \mathrm{Abstand\ von}\,p\ \mathrm{und}\ U$); das zweite Glied ein Pfeil in Richtung $\dot{p}$, vom Zahlwert $\dot{\mathfrak{u}} \cdot \mathfrak{r}$, die Tangentialbeschleunigung; endlich das erste Glied ein Pfeil, herrührend von der Lagenänderung der Momentenachse, vom Zahlwert $\mathfrak{u}\dfrac{d\hat{\sigma}}{dt} \cdot \mathfrak{l}\ (d\hat{\sigma} = \mathrm{Kon}$tingenzwinkel konsekutiver Drehachsen; $\mathfrak{l} = \mathrm{Abstand\ von}\ p\ \mathrm{und\ Stab}\ m\dot{\bar{e}})$.

Zerlegen wir im allgemeinen Fall einer beliebigen Schraubengeschwindigkeit S in den Stab $U = c \cdot S\bar{\omega} = c\bar{u}$ durch den Körperpunkt c und in den Schild $\bar{T} = cS \cdot \bar{\omega} = \perp \dot{c}$, so ist:

$$\dot{p} = |\,(c\bar{u}p) + |\,(\bar{T}p) = |\,(c\bar{u}p) + \dot{c}$$

und hieraus:
$$\ddot{p} = |\,(\dot{c}\bar{u}p) + |\,(c\dot{\bar{u}}p) + |\,(c\bar{u}\dot{p}) + \ddot{c}$$

$$= \perp (\dot{c}\bar{u}) + |\,(c\dot{\bar{u}}p) + |\,[c\bar{u}\,|\,(c\bar{u}p)] + |\,(c\bar{u}\dot{c}) + \ddot{c}$$

und weil
$$|\,(c\bar{u}\dot{c}) = \perp (\bar{u}\dot{c}) = -\perp(\dot{c}\bar{u}):$$

$$(6) \qquad \ddot{p} = |\,(c\dot{\bar{u}}p) + |\,[c\bar{u}\,|\,(c\bar{u}p)] + \ddot{c}$$

d. h. zu den Komponenten der Beschleunigung bei **festem** c tritt im allgemeinsten Fall nur noch additiv der Pfeil $\ddot{c}$ hinzu. Wählt man für c den Körperpunkt, der momentan mit dem Beschleunigungspol p_0 koinzidiert, so wird (6):

$$(7) \qquad \ddot{p} = |\,(p_0\dot{\bar{u}}p) + |\,[p_0\bar{u}\,|\,(p_0\bar{u}p)]$$

d. h. „der Beschleunigungszustand ist auch im allgemeinsten Fall derselbe, wie wenn das System jeweils nur um den als ruhend betracnteten Beschleunigungspol p_0 rotierte".

6. Beschleunigung der Relativbewegung.

Es seien $\overset{\cdot}{p}$ und $\overset{\circ\circ}{p}$ die Pfeile der Geschwindigkeit und der Beschleunigung des Punkts p, beurteilt relativ zu einem mit der veränderlichen Schraubengeschwindigkeit S bewegten starren System.

(1) Dann ist:
$$\dot{p} = \overset{\circ}{p} + |(Sp)$$

(2) und differentiiert:
$$\ddot{p} = \frac{d\overset{\circ}{p}}{dt} + \frac{d(|Sp)}{dt}.$$

Nun gilt (1) für beliebige Punkte, somit auch für Punktdifferenzen, d. h. für Pfeile:

(1′)
$$\dot{\bar{v}} = \overset{\circ}{\bar{v}} + |(S\bar{v}).$$

Für $\bar{v} = \overset{\cdot}{p}$ erhalten wir dann aus (2):

$$\ddot{p} = \overset{\circ\circ}{p} + |(S\overset{\circ}{p}) + |(\dot{S}p) + |(S\dot{p})$$

$$= \overset{\circ\circ}{p} + |(S\overset{\circ}{p}) + |(\dot{S}p) + |(S\overset{\circ}{p}) + |[S|(Sp)]$$

(3)
$$= \overset{\circ\circ}{p} + |(\dot{S}p) + |[S|(Sp)] + 2|(S\overset{\circ}{p})$$

= Relativbeschleunigung + Führungsbeschl. + Coriolisbeschl.

Da die Ergänzungen von Spaten verschwinden, folgt aus (3) für $S = U + \bar{T}$:

(3′)
$$\ddot{p} = \overset{\circ\circ}{p} + |(\dot{S}p) + |[U|(Sp)] + 2|(U\overset{\circ}{p}).$$

Insbesondere ist die Coriolisbeschleunigung:
$$2|(S\overset{\circ}{p}) = 2|(U\overset{\circ}{p}) = 2 \perp (\bar{u}\overset{\circ}{p})$$

lediglich eine Funktion der resultierenden Winkelgeschwindigkeit $\bar{u}$ und der Relativgeschwindigkeit $\overset{\circ}{p}$, vom Zahlwert $\mod \bar{u} \cdot \mod \overset{\circ}{p} \cdot \sin(\widehat{\bar{u}\overset{\circ}{p}})$.

Für $\bar{v} = \overset{\cdot}{p}$ gibt noch (1′) (mit $\frac{d'\bar{v}}{dt}$ statt $\overset{\circ}{v}$):

(4)
$$\ddot{p} = \frac{d'\overset{\cdot}{p}}{dt} + |(S\dot{p}) = \frac{d'\dot{p}}{dt} + \perp (\bar{u}\dot{p})$$

als vektorielle Form der Formeln von Bour.[1]

Beispiel (zugleich als Überleitung zur Dynamik): Bewegung eines Massenpunktes relativ zur bewegten Erde:

Wir zerlegen die Schraubengeschwindigkeit S der Erde in den Schild $\bar{T}$ der Translationsgeschwindigkeit ihres Mittelpunktes m und den Stab $U = m\bar{u}$ ihrer Rotation um m:

(5)
$$S = U + \bar{T} = m\bar{u} + \bar{T},$$

wobei $\dot{m} = \perp \bar{T} = \bar{t}$ zu setzen ist.

---

1) Marcolongo, Theor. Mechanik I S. 116.

Für die Dauer irdischer Beobachtungen ist $\bar{u}$ völlig, und $\bar{T}$ bzw. $\bar{t}$ mit größter Annäherung konstant. Daher ist

$$\dot{S} = \dot{U} = \dot{m}\bar{u} = \bar{t}\bar{u}$$

und $\qquad | (\dot{S}p) = | (\bar{t}\bar{u}p) = \perp [\bar{t}u] = \text{const.}$

Damit wird (3′):

(6) $\qquad \ddot{p} = \overset{\infty}{p} + \perp [\bar{t}\bar{u}] + | [U | (Up)] + | (U\bar{t}) + 2 | (U\dot{p})$

und da $\qquad | (U\bar{t}) = \perp (\bar{u}\bar{t}) = - \perp (\bar{t}\bar{u}),$

so ist $\qquad \overset{\infty}{p} = \ddot{p} - | [U | (Up)] - 2 | (U\overset{\circ}{p})$

(6′) $\qquad\qquad = \ddot{p} + \bar{z} - 2 \perp (\bar{u}\overset{\circ}{p}).$

Weil ferner $\bmod U = \mathfrak{u} = \dfrac{2\pi}{86400} \, \mathrm{sek}^{-1}$ sehr klein, so wird die Zentrifugalbeschleunigung $\bar{z} = - | [U | (Up)] = \mathfrak{u}^2 (p - f)^1)$ ebenfalls klein, trotz des namhaften Werts von $\bmod (p - f)$ (= einige tausend km). Weiter ist $\overset{\circ}{\bar{z}} = | [U | (U\overset{\circ}{p})]$ klein von der Ordnung $\mathfrak{u}^2$, d. h. praktisch = Null. Ebenso $\triangle z = | [U | (U\triangle p)]$, die Änderung von $\bar{z}$ beim Übergang von p zum Punkt $(p + \triangle p)$. Daher ist $\bar{z}$, **von der Erde aus beurteilt**, zeitlich und räumlich konstant.

Wirken nun auf einen Massenpunkt $\mathfrak{m}p$ außer der Schwerkraft beliebige weitere Kräfte mit der Resultante $\bar{k}$, so erhalten wir aus (6′) in Verbindung mit Newtons 2. Bewegungsgesetz: $\mathfrak{m}\ddot{p} = \mathfrak{m}\bar{g} + \bar{k}$ ($\bar{g}$ = Pfeil der **wirklichen** Fallbeschleunigung)

(7) $\qquad \mathfrak{m}\overset{\infty}{p} = \mathfrak{m}\bar{g} + \bar{k} + \mathfrak{m}\bar{z} - 2\mathfrak{m} \perp (\bar{u}\overset{\circ}{p})$

$\qquad\qquad = \mathfrak{m}\bar{g}' + \bar{k} - 2\mathfrak{m} \perp (\bar{u}\overset{\circ}{p}) \quad (\bar{g}' = \bar{g} + \bar{z}).$

Aus dieser Gleichung folgen leicht die Gesetze der Relativbewegung in den einzelnen Fällen.

Hier sei die Betrachtung auf den Fall beschränkt, daß die **Bewegung parallel der zu** $\bar{g}'$ **senkrechten Horizontalebene** α **des Beobachtungsortes** a erfolgt. Dann sind offenbar $\overset{\circ}{p}$ und $\overset{\infty}{p}$ stets zu α parallel. Zerlegt man noch $\bar{u}$ in eine Komponente $\bar{u}_n$ in Richtung der Ortsnormalen $a\bar{n}$ ($\bar{n} = | \alpha$) und eine solche $\bar{u}_\alpha$ parallel zu α, so wird (7):

(7′) $\qquad \mathfrak{m}\overset{\infty}{p} = \mathfrak{m}\bar{g}' + \bar{k} - 2\mathfrak{m} \perp (\bar{u}_n\overset{\circ}{p}) - 2\mathfrak{m} \perp (u_\alpha\overset{\circ}{p}).$

Da die senkrechte Projektion $\bar{v}_\alpha$ eines beliebigen Pfeils $\bar{v}$ auf α, nämlich $\bar{v}_\alpha = \bar{v}\bar{n} \circ \alpha$ als lineare homogene Funktion von $\bar{v}$ distributiv ist, bleibt (7′) richtig, wenn man darin jedes Glied durch seine Horizontalprojektion ersetzt, und man erhält:

(8) $\qquad \mathfrak{m}\overset{\infty}{p} = \bar{k}_\alpha - 2\mathfrak{m} \perp (\bar{u}_n\overset{\circ}{p}),$

---

1) $f =$ Fußpunkt des Lots von p auf U!

Denn auch $\perp (\bar{u}_\alpha \mathring{p})$ ist senkrecht α, weshalb seine Horizontalprojektion verschwindet.

Beurteilen wir endlich diese Bewegung von einem neuen Bezugssystem aus, das sich um die Ortsnormale $a\bar{n}$ mit der konstanten Winkelgeschwindigkeit $u_n = \mathrm{mod}\,\bar{u}_n = u \cdot \sin\widehat{\varphi}$ in Richtung des täglichen scheinbaren Sonnenlaufs dreht ($\widehat{\varphi} = $ geogr. Breite von a), so ist für $U_n = -\,a\bar{u}_n$ nach (1):

$$\mathring{p} = \overset{\times}{p} + |\,(U_n p)\,^{1})$$

und nach (3): $\qquad \overset{\infty}{p} = \overset{\times\times}{p} + |\,[U_n\,|\,(U_n p)] + 2\,|\,(U_n \mathring{p})$

$$\approx \overset{\times\times}{p} - 2 \perp (\bar{u}_n \mathring{p}),$$

denn $|\,[U_n\,|\,(U_n p)]$ ist von der Größenordnung u^2, also ≈ 0.
Damit wird (8):

(9) $$m\,\overset{\times\times}{p} = \bar{k}_\alpha$$

d. h. „Horizontale Bewegungen finden auf der rotierenden Erde relativ zu einem um die Ortsnormale im Sinn des scheinbaren Sonnenlaufs mit Winkelgeschwindigkeit $u_n = u \cdot \sin\widehat{\varphi}$ rotierenden Bezugssystem ebenso statt, wie die entsprechende Bewegung in einem ruhenden System". Damit ist u. a. die Theorie des Foucaultschen Pendels erledigt, dessen Schwingungen bei kleiner Amplitude in großer Annäherung parallel zu α sind.

II. Allgemeine Dynamik materieller Punktsysteme.

1. Die Bewegungsgleichungen.

Auf den materiellen Punkt $\mathfrak{m}_h p_h$ mit der Masse $\mathfrak{m}_h$ eines Systems wirke die Gesamtkraft $\bar{k}_h$. Dieselbe ist die Resultante der von den übrigen Systempunkten $\mathfrak{m}_i p_i$ ausgeübten „inneren" Kräfte $\bar{k}_h^i$ und der Summe $\bar{k}_h^a$ der „äußeren" Kräfte. Die Bewegungsgleichung eines beliebigen Systempunktes lautet demnach:

(1) $$\mathfrak{m}_h \ddot{p}_h = \sum_i \bar{k}_h^i + \bar{k}_h^a = \bar{k}_h$$

oder in Stabform:

(2) $$\mathfrak{m}_h p_h \ddot{p}_h = \sum_i p_h \bar{k}_h^i + p_h \bar{k}_h^a = p_h \bar{k}_h$$

$$= \sum_i K_h^i + K_h^a = K_h.$$

---

1) $\overset{\times}{p}$ und $\overset{\times\times}{p} = $ Relativgeschwindigkeit und Relativbeschleunigung im **neuen** Bezugssystem!

Durch Addition über alle Massenpunkte $\mathfrak{m}_h p_h$ folgt hieraus, da $\sum_h \sum_i \bar{k}_h^i$ verschwindet (nach Newtons 3. Gesetz):

$$(3) \qquad \frac{d\bar{\mathfrak{j}}}{dt} = \frac{d}{dt} \sum \mathfrak{m}_h \dot{p}_h = \sum \bar{k}_h^a$$

$$(4) \quad \text{bzw.} \quad \frac{dJ}{dt} = \frac{d}{dt} \sum \mathfrak{m}_h p_h \dot{p}_h = \sum_h \sum_i K_h^i + \sum K_h^a = D.$$

Wegen $\sum_h \sum_i K_h^i \cdot \varpi = 0$ ist die Stabsumme der inneren Kräfte ein Schild (Kräftepaar), der u. a. im Fall von Zentralkräften verschwindet.

Wir nennen $J = \sum \mathfrak{m}_h p_h \dot{p}_h$ die Impulsschraube oder kurz den Impuls des Systems, entsprechend $\bar{\mathfrak{j}} = \sum \mathfrak{m}_h \dot{p}_h$ den Impulspfeil oder die Bewegungsgröße. Wir setzen weiter $\sum \mathfrak{m}_h = \mathfrak{m}_s$ und führen durch

$$\mathfrak{m}_s \cdot s = \sum \mathfrak{m}_h p_h$$

den Massenmittelpunkt ein. Damit wird (3)

$$\mathfrak{m}_s \ddot{s} = \sum \bar{k}_h^a$$

oder beim Fehlen äußerer Kräfte:

$$\mathfrak{m}_s \ddot{s} = o$$

und integriert:
$$\mathfrak{m}_s \dot{s} = \text{const} = \mathfrak{m}_s \bar{c}$$

$$s = s_0 + \bar{c}\,t \qquad \text{wie bekannt.}$$

2. Momente des Impulses J und der Dyname D.

Wir multiplizieren (4) mit einem beliebigen Punkt c:

$$(1) \qquad c\dot{J} = c\frac{d}{dt} \sum \mathfrak{m}_h p_h \dot{p}_h = c \sum K_h = cD.$$

Falls c ruht $(\dot{c} = o)$, wird, wenn wir

$$(2) \qquad cJ = \mu_c \quad \text{und} \quad cD = \delta_c \qquad\qquad \text{setzen:}$$

$$(3) \qquad \dot{\mu}_c = \frac{d}{dt} \sum \mathfrak{m}_h c p_h \dot{p}_h = cD = \delta_c.$$

Das Blatt μ_c heiße das Impulsmoment um c und entsprechend δ_c das Kräftemoment um c. Die geometrische Deutung von (3), die den Flächensatz ausspricht, ist evident.

(3) ist als „Blatt"gleichung 4 Zahlgleichungen äquivalent, besagt also inhaltlich mehr als die üblichen 3 Momentengleichungen der Koordinatenmechanik.

Ist $JJ \neq o$, so ist durch $\mu_c = cJ$ (und ebenso durch $\delta_c = cD$, falls $DD \neq 0$) wieder ein Nullsystem bestimmt. Die bei einem solchen üblichen Benennungen wurden historisch eben durch die Betrachtung des durch D bestimmten Nullsystems nahegelegt.

Für die Momente um eine Achse A (mod $A = 1$) finden wir entsprechend:

(4) $$A\dot{J} = A \sum K_h = AD = \Delta_A$$

und bezüglich einer Ebene ϵ (mod $\epsilon = 1$):

(5) $$\epsilon \dot{J} = \epsilon \sum K_h = \epsilon D = d_\epsilon.$$

Für feste A, bzw. ϵ werden (4) und (5), wenn $AJ = M_A$, $\epsilon J = m_\epsilon$:

(6) $$\dot{M}_A = \Delta_A \quad \text{und} \quad \dot{m}_\epsilon = d_\epsilon.$$ (7)

Auch die Deutung dieser Gleichungen folgt unmittelbar aus den grundlegenden Definitionen der Punktrechnung.

3. Invarianten der Bewegung eines „vollständigen" Systems.

Für ein vollständiges (abgeschlossenes) System ist, weil äußere Kräfte fehlen:

(1) $$\dot{J} = \frac{d}{dt} \sum \mathfrak{m}_h p_h \dot{p}_h = \sum_h \sum_i K_h^i = \overline{K}$$

ein Schild, der u. a. im Fall von Zentralkräften dauernd verschwindet. Unter dieser Voraussetzung ist

(2) a) $$\dot{J} = 0$$

(3) und $$J = \sum \mathfrak{m}_h p_h \dot{p}_h = \text{const.} \quad \text{(Absolute Invariante)}$$

d. h. „die Impulsschraube eines abgeschlossenen Systems ist konstant", ebenso natürlich auch

(3a) $$J\varpi = \overline{\mathfrak{j}} = \mathfrak{m}_s \dot{s} = \mathfrak{m}_s \overline{c} = \text{konstante Bewegungsgröße.}$$

b) Ist wieder c ein fester Punkt, so folgt aus (3):

(4) $$cJ = \sum \mathfrak{m}_h c p_h \dot{p}_h = \mu_c = \text{const.} \quad \text{(Relat. Invariante, abhängig von } c\text{).}$$

μ_c ist die „invariable Ebene" und (4) drückt das Prinzip der Erhaltung der Flächen aus. Wählen wir für c den Schwerpunkt $s = s_0 + \overline{c}t$, so folgt:

(5) $$sJ = s_0 J + \overline{c}J \cdot t = \mu_0 + \mathfrak{r}\varpi \quad (\text{da } \overline{c}J = \dot{s}J \equiv \varpi).$$

Das Impulsmoment um s ist also keine Invariante, doch bleibt das Blatt sJ nach Stellung und Zahlwert konstant, d. h. $sJ \cdot \varpi$ ist ein invarianter Schild.

c) Für eine feste Achse A (mod $A = 1$) ist entsprechend:

(6) $$AJ = M_A = \text{const.}$$

Ist insbesondere $A \equiv$ der Zentralachse von J oder auch $A \equiv s\dot{s}$, so folgt in beiden Fällen

(7) $$AJ = \frac{JJ}{2J|J} = \text{const.} \quad \text{(absol. Invariante)}$$

d. h. das Moment des Impulses um dessen Zentralachse, bzw. um die Achse $= s\dot{s}$ ist gleich dem Parameter der Schraube J.

d) Sei endlich ϵ eine feste Ebene (mod $\epsilon = 1$), so ist:

(8) $$\epsilon J = \sum m_h \epsilon p_h \dot{p}_h = m_e = \text{const.} \quad \text{(Relat. Invariante)}$$

als Satz vom „invariablen" Punkt (duales Gegenstück zur invariablen Ebene).

4. Potential. Energiesatz.

Sei $\Phi\,(p_1,\ p_2 \cdots p_n)$ eine Zahlfunktion (Block) der n Punkte des Systems. Einer infinitesimalen Änderung dp_h nur eines bestimmten Punktes p_h entspricht dann das partielle Differential $d_h \Phi = \dfrac{\partial \Phi_h}{\partial p_h}\, dp_h$. Hierbei ist $\dfrac{\partial \Phi}{\partial p_h}$ im allgemeinen ein Lückenausdruck mit einer Lücke, also ein extensiver Bruch (Quotient).[1])

Ist jedoch Φ, wie hier, eine Zahlfunktion, so läßt sich $\dfrac{\partial \Phi}{\partial p_h}\, dp_h$ stets als äußeres Produkt $\varphi_h\, dp_h$ eines Blattes φ_h mit dp_h schreiben. Wir nennen in Anlehnung an Graßmann d. J.[2]) das Blatt φ_h den „äußeren" und den Pfeil $\mid \varphi_h$ den „inneren" partiellen Differentialquotienten von Φ nach p_h. Im Fall konservativer Kräfte läßt sich nun der Pfeil der auf p_h wirkenden Gesamtkraft darstellen als innerer Differentialquotient eines „Potentials" $\Phi\,(p_1 \cdots p_n)$ nach p_h. Dann lauten die Bewegungsgleichungen:

(1) $$\mathfrak{m}_h \ddot{p}_h = \mid \frac{\partial \Phi}{\partial p_h} = \bar{k}_h$$

(2) $$\text{bzw.} \quad \mathfrak{m}_h p_h \ddot{p}_h = p_h \mid \frac{\partial \Phi}{\partial p_h} = K_h$$

und nach Multiplikation mit $\mid p_h \dot{p}_h dt = \mid p_h dp_h$ folgt:

(3) $$\mathfrak{m}_h\,[p_h \ddot{p}_h \mid p_h \dot{p}_h]\, dt = p_h \mid \frac{\partial \Phi}{\partial p_h} \cdot \mid (p_h dp_h) = \frac{\partial \Phi}{\partial p_h}\, dp_h.$$

Hieraus ergibt sich durch Summation über alle Massenpunkte und Integration:

(4) $$\Lambda = \sum \frac{\mathfrak{m}_h}{2}\,[p_h \dot{p}_h]^2 = \Phi\,(p_1, \cdots p_n) + \mathrm{E}\ \text{(Integr.-Konst.)}$$

oder für $-\Phi = \Psi$:

(4') $$\Lambda + \Psi = \mathrm{E}$$

als Gleichung der Energie.

---

1) Graßmann, Werke I, 2 S. 289 ff.; bes. Nr. 438, S. 295.
2) Sitzungsber. der Berliner Math. Gesellschaft 8. Jahrg. 1909, S. 106/07.

5. Das Zweikörperproblem.

Um Beispiele nicht ganz zu unterdrücken, sei hier die Integration des Zweikörperproblems durchgeführt.

Für Zentralkräfte werden die Bewegungsgleichungen der beiden Massenpunkte $m_1 p_1$ und $m_2 p_2$:

(1) $$m_1 p_1 \ddot{p}_1 = \mathfrak{k}(r) \cdot p_1 p_2 = K_1$$

(1') $$m_2 p_2 \ddot{p}_2 = \mathfrak{k}(r) \cdot p_2 p_1 = K_2 = - K_1$$

und nach Multiplikation mit ϖ:

$$m_1 \ddot{p}_1 = \mathfrak{k}(r) \, (p_2 - p_1) = \bar{k}_1$$

(2) $$m_2 \ddot{p}_2 = \mathfrak{k}(r) \, (p_1 - p_2) = \bar{k}_2 = - \bar{k}_1.$$

Dabei ist $\mathfrak{k}(r)$ eine reine Zahlfunktion des Abstands r der Massenpunkte.

Die in den vorhergehenden Paragraphen entwickelten Integrale der Bewegungsgleichungen erhalten in unsrem Fall die Formen:

(3) $$\frac{m_1 p_1 + m_2 p_2}{m_1 + m_2} = s = s_0 + \bar{c}\,t$$

als Bahngleichung des Schwerpunkts;

(4) ferner: $$m_1 p_1 \dot{p}_1 + m_2 p_2 \dot{p}_2 = J = \text{const. Impulsschraube}$$

und nach Multiplikation mit einem festen Punkt c $(\dot{c} = 0)$:

(5) $$m_1 c p_1 \dot{p}_1 + m_2 c p_2 \dot{p}_2 = cJ = \mu_c = \text{const.}[1]$$

als Ausdruck für den Flächensatz, bzw. die invariable Ebene, bezüglich c.

Weiter erhalten wir als Gleichung der Energie:

(6) $$\Lambda + \int \mathfrak{k}(r)\,r\,dr = E.$$

Da (3) bereits die absolute Bewegung des System-Schwerpunkts bestimmt, genügt es, noch die relative Bewegung von p_1 und p_2 um s zu bestimmen. Wir setzen deshalb $p_1 - s = \bar{r}_1$ und $p_2 - s = \bar{r}_2$. Nun teilt $s = \dfrac{m_1 p_1 + m_2 p_2}{m_1 + m_2}$ die Strecke $p_1 \cdots p_2$ stets im gleichen Verhältnis $m_2 : m_1$. Somit ist:

$$p_1 - s = \bar{r}_1 = \frac{- m_2 \, (p_2 - p_1)}{m_1 + m_2}$$

(7) $$p_2 - s = \bar{r}_2 = \frac{+ m_1 \, (p_2 - p_1)}{m_1 + m_2}$$

---

1) Eine hübsche geometrische Deutung der zu (5) dualen Gleichung: $m_1 \epsilon \cdot p_1 \dot{p}_1 + m_2 \epsilon \cdot p_2 \dot{p}_2 = \epsilon J = \text{const.}$ gab Mehmke in der Zeitschrift für Math. und Physik Bd. 49, S. 96.

und wegen $\ddot{s} = 0$ folgt hiermit aus (2):

$$(8) \qquad \mathfrak{m}_1 \ddot{p}_1 = \mathfrak{m}_1 \ddot{r}_1 = \frac{-\mathfrak{f}(\mathfrak{r}) \cdot (\mathfrak{m}_1 + \mathfrak{m}_2)}{\mathfrak{m}_2} \, \bar{r}_1$$

$$\mathfrak{m}_2 \ddot{p}_2 = \mathfrak{m}_2 \ddot{r}_2 = \frac{-\mathfrak{f}(\mathfrak{r}) \, (\mathfrak{m}_1 + \mathfrak{m}_2)}{\mathfrak{m}_1} \, \bar{r}_2$$

als Ausgangsgleichung für die weitere Integration.

Ganz entsprechend folgt als Differentialgleichung der Bewegung des **einen** Körpers relativ zum **anderen**, etwa von p_2 um p_1, wenn wir $p_2 - p_1 = \bar{r}$ (ohne Index) setzen:

$$(9) \qquad \mathfrak{m}_1 \mathfrak{m}_2 \cdot \ddot{\bar{r}} = - \, \mathfrak{f}(\mathfrak{r}) \, (\mathfrak{m}_1 + \mathfrak{m}_2) \, \bar{r}.$$

Da im Fall der Gravitation $\mathfrak{f}(\mathfrak{r}) = \dfrac{\mathfrak{a}^2 \mathfrak{m}_1 \mathfrak{m}_2}{\mathfrak{r}^3}$, so handelt es sich bei (8) und (9) beidemal um die Integration einer Gleichung der Form

$$(10) \qquad \ddot{\bar{r}} = \frac{-\mathfrak{g}^2}{\mathfrak{r}^3} \, \bar{r} \quad [\text{für } \mathfrak{g}^2 = \mathfrak{a}^2 \, (\mathfrak{m}_1 + \mathfrak{m}_2)].$$

Hieraus folgt:

$$\bar{r}\ddot{\bar{r}} = 0 \quad \text{und integriert:}$$

$$(11) \qquad \bar{r}\dot{\bar{r}} = \bar{C} = \text{konst. Schild der relativen Flächengeschwindigkeit}$$

$$(11') \qquad \text{oder skalar } \mathfrak{r}^2\dot{\varphi} = \text{konst.} = \mathfrak{f} \quad (1. \text{ Keplersches Gesetz}).$$

Nach (11) sind die Pfeile $\bar{r}$ und $\dot{\bar{r}}$ und infolge (10) ebenso $\ddot{\bar{r}}$ zu allen Zeiten dem unveränderlichen Schild $\bar{C}$ parallel und gehören deshalb dem durch $\bar{C}$ bestimmten ebenen Pfeilfeld an, in welchem wir nachher die Ergänzung „L" einführen [vgl. die Bezeichnungen S. V, i)]. Zunächst gibt (10) mit (11') erweitert:

$$(12) \qquad \mathfrak{f}\ddot{\bar{r}} = - \, \mathfrak{g}^2 \cdot \dot{\varphi} \left(\frac{\bar{r}}{\mathfrak{r}}\right).$$

Nun ist die Ableitung eines stets zu $\bar{C}$ parallelen Einheitspfeils $\bar{e}$ nach der Zeit: $\dot{\bar{e}} = \mathsf{L}\,\bar{e} \cdot \dot{\varphi}$ und folglich auch $\mathsf{L}\,\dot{\bar{e}} = - \, \bar{e}\dot{\varphi}$.

Da aber $\left(\dfrac{\bar{r}}{\mathfrak{r}}\right)$ einen solchen Einheitspfeil darstellt, gibt (12) integriert:

$$(13) \qquad \mathfrak{f}\dot{\bar{r}} = + \, \mathfrak{g}^2 \, \mathsf{L} \left(\frac{\bar{r}}{\mathfrak{r}}\right) + \bar{c} \quad (\text{Integr.-Konst.}).$$

Der **Hodograph** der Relativbewegung:

$$(14) \qquad x = a + \dot{\bar{r}} = \underbrace{\left(a + \frac{\bar{c}}{\mathfrak{f}}\right)}_{m} + \frac{\mathfrak{g}^2}{\mathfrak{f}} \, \mathsf{L} \left(\frac{\bar{r}}{\mathfrak{r}}\right)$$

ist demnach ein Kreis vom Halbmesser $\dfrac{\mathfrak{g}^2}{\mathfrak{f}}$.

Setzt man in (13) $\bar{c} = \mathsf{L}\,\bar{b}$ und multipliziert mit $\bar{r}$, so ist:

(15)
$$\mathfrak{f}\cdot\bar{r}\ddot{\bar{r}} = \mathfrak{g}^2\,\frac{\bar{r}\,\mathsf{L}\,\bar{r}}{\mathfrak{r}} + \bar{r}\,\mathsf{L}\,\bar{b}$$

(15′) oder skalar:
$$\mathfrak{f}^2 = \mathfrak{g}^2\mathfrak{r} + \mathfrak{r}\mathfrak{b}\cdot\cos\widehat{\varphi}$$
$$= \mathfrak{r}\,(\mathfrak{g}^2 + \mathfrak{b}\cos\widehat{\varphi})$$

(15″) und hieraus
$$\mathfrak{r} = \frac{\dfrac{\mathfrak{f}^2}{\mathfrak{g}^2}}{1 + \dfrac{\mathfrak{b}}{\mathfrak{g}^2}\cos\widehat{\varphi}} = \frac{\mathfrak{p}}{1 + \mathfrak{e}\cos\widehat{\varphi}}$$

als bekannte Form der Bahngleichung (2. Keplersches Gesetz).

6. Das Prinzip von d'Alembert. Lagranges Gleichungen 1. Art.

1. Hat ein materielles System beschränkte Bewegungsfreiheit, so ist
nach d'Alembert für alle denkbaren, mit der **momentanen** Konfiguration
und den Bedingungsgleichungen verträglichen, **umkehrbaren** virtuellen
Verschiebungen die gesamte Arbeit der Zwangskräfte gleich Null (wobei
in den Bedingungsgleichungen die Zeit nicht mit variiert werden darf).

Schreibt man die Bewegungsgleichungen der Massenelemente in der
Form
$$\mathfrak{m}_h\ddot{\bar{p}}_h = \bar{k}_h + \bar{k}'_h, \quad \text{bzw.} \quad \mathfrak{m}_h p_h \ddot{p}_h = K_h + K'_h,$$

indem man die Zwangskräfte $\bar{k}'_h$, bzw. K'_h von übrigen auf p_h wirkenden
Kräften trennt, so besagt d'Alemberts Prinzip, daß für alle umkehrbaren
virtuellen Verschiebungen δp_h gilt:

(1)
$$\sum \bar{k}'_h \perp \delta p_h = \sum (\mathfrak{m}_h\ddot{\bar{p}}_h - \bar{k}_h) \perp \delta p_h = 0$$

(1′) bzw.
$$\sum K'_h \perp \delta p_h = \sum (\mathfrak{m}_h p_h \ddot{p}_h - K_h) \perp \delta p_h = 0,$$

je nachdem man im räumlichen Pfeilfeld oder im räumlichen Punktfeld
operiert. Damit ist das Prinzip analytisch formuliert. Im Fall des Gleichgewichts müssen die Beschleunigungen verschwinden; dann wird (1):

(2)
$$\sum \bar{k}_h \perp \delta p_h = 0; \quad \text{bzw.} \quad \sum K_h \perp \delta p_h = 0 \qquad (2′)$$

als Darstellungen des Prinzips der virtuellen Verschiebungen.

2. Bestehen zwischen den $\mathfrak{n}$ Massenpunkten eines Systems $\mathfrak{r}$ **skalare**
Bedingungsgleichungen $(\mathfrak{r} < 3\mathfrak{n})$ von der Form:

(3)
$$A_i\,(p_1, p_2 \cdots p_n) = 0$$
so folgt hieraus:

(4)
$$\delta A_i = \sum_h \frac{\partial A_i}{\partial p_h}\,\delta p_h = \sum_h \varphi_{ih}\delta p_h = 0.\,{}^{1)}$$

---

1) Im Fall nicht holonomer Bedingungen sind dieselben von vornherein
in der Form $\sum_h \varphi_{ih}\delta p_h = 0$ gegeben.

Multipliziert man diese $\mathfrak{r}$ Gleichungen (4) mit den noch unbekannten Zahlfaktoren $\mathfrak{p}_1$, $\mathfrak{p}_2$, $\cdots \mathfrak{p}_\mathfrak{r}$ und addiert sie zu (1'), so hat man:

$$(5) \qquad \sum_h \left\{ \mathfrak{m}_h p_h \ddot{p}_h - K_h + \sum_i \mathfrak{p}_i p_h \left| \frac{\partial A_i}{\partial p_h} \right\} \perp \delta p_h = 0 \,,$$

da ja $\qquad\qquad \dfrac{\partial A_i}{\partial p_h} \delta p_h = p_h \left| \dfrac{\partial A_i}{\partial p_h} \perp \delta p_h \right.$ ist.

Durch denselben Gedankengang wie in der Koordinaten-Mechanik läßt sich zeigen, daß die durch die $\mathfrak{r}$ Gleichungen (4) beschränkte Willkürlichkeit der δp_h durch die noch freie Verfügung über die $\mathfrak{r}$ Werte $\mathfrak{p}_i$ ausgeglichen wird, und daß bei geeigneter Wahl der $\mathfrak{p}_i$ in (5) die Klammerfaktoren der δp_h einzeln verschwinden. Wir erhalten somit die $\mathfrak{n}$ Bewegungsgleichungen (Lagranges Gleichungen 1. Art in extensiver Form):

$$(6) \qquad 0 = \mathfrak{m}_h p_h \ddot{p}_h - K_h + \mathfrak{p}_1 p_h \left| \frac{\partial A_1}{\partial p_h} + \cdots + \mathfrak{p}_\mathfrak{r} p_h \left| \frac{\partial A_\mathfrak{r}}{\partial p_h} \right.\right.$$

bzw. nach Multiplikation mit ϖ:

$$(6') \qquad 0 = \mathfrak{m}_h \ddot{p}_h - \bar{k}_h + \mathfrak{p}_1 \left| \frac{\partial A_1}{\partial p_h} + \cdots + \mathfrak{p}_\mathfrak{r} \left| \frac{\partial A_\mathfrak{r}}{\partial p_h} \right.\right.$$

zur Bestimmung der Bewegung und der Reaktionskräfte.

Im Falle nichtholonomer Bedingungen treten an die Stelle der $\dfrac{\partial A_i}{\partial p_h}$ die φ_{ih}.

7. Das Gaußsche Prinzip.

Die holonomen oder nichtholonomen Bedingungsgleichungen seien jede in der Form: $\sum \varphi_h \delta p_h = 0$ gegeben. Ferner sei $\ddot{p}_h$ die tatsächlich eintretende Beschleunigung von p_h, so daß p_h nach der sehr kleinen Zeit Δt die Lage $p_h' = p_h + \dot{p}_h \dfrac{\Delta t}{1!} + \ddot{p}_h \dfrac{\Delta t^2}{2!}$ erreicht. Ist wieder $\bar{k}_h$ die geometrische Summe der nicht vom Zwang herrührenden Kräfte auf p_h, so würde dem Massenpunkt durch $\bar{k}_h$ allein eine Beschleunigung $= \dfrac{\bar{k}_h}{\mathfrak{m}_h}$ erteilt. Derselbe käme also nach der Zeit Δt in die Lage

$$p_h'' = p_h + \dot{p}_h \frac{\Delta t}{1!} + \frac{\bar{k}_h}{\mathfrak{m}_h} \cdot \frac{\Delta t^2}{2!}$$

und die Abweichung der „wahren" Bewegung von der „freien" hat demnach den Betrag:

$$\Delta p_h = p_h' - p_h'' = \left(\ddot{p}_h - \frac{\bar{k}_h}{\mathfrak{m}_h} \right) \frac{\Delta t^2}{2!} \,.$$

Nach Gauß ist nun die wahre Bewegung vor allen andern mit den Bedingungsgleichungen verträglichen Bewegungen dadurch ausgezeichnet, daß $\sum_h (\Delta p_h)^{\underline{2}}$ ein Minimum wird. Wegen der Konstanz des gewählten Zeitelements Δt ist damit äquivalent, daß

$$Z = \sum \left(\ddot{p}_h - \frac{\bar{k}_h}{\mathfrak{m}_h} \right)^{\underline{2}}$$

ein Minimum wird, oder daß:

(1) $$\delta Z = \sum \left(\ddot{p}_h - \frac{\bar{k}_h}{\mathfrak{m}_h} \right) \perp \delta \ddot{p}_h = 0$$

für alle mit den Bedingungsgleichungen verträglichen Variationen $\delta \ddot{p}_h$. Nun folgt aus $\sum_h \varphi_h \delta p_h = 0$ durch Differentiation nach t und wegen der Vertauschbarkeit von Variation und Differentiation:

(2) $$\sum_h [\dot{\varphi}_h \delta p_h + \varphi_h \delta \dot{p}_h] = 0$$

(3)   und $$\sum [\ddot{\varphi}_h \delta p + 2 \dot{\varphi}_h \delta \dot{p}_h + \varphi_h \delta \ddot{p}_h] = 0.$$

Da aber der Unterschied zwischen freier und wahrer Bewegung erst in den Gliedern der Beschleunigung sich zeigt und somit die p_h und $\dot{p}_h$ nicht variiert werden dürfen, so wird (3)

(3′) $$\sum \varphi_h \delta \ddot{p}_h = 0.$$

Die Willkürlichkeit der $\delta \ddot{p}_h$ unterliegt daher genau denselben Einschränkungen wie diejenige der δp_h; beide können einander also vertreten. Damit wird (1):

$$\sum \left(\ddot{p}_h - \frac{\bar{k}_h}{\mathfrak{m}_h} \right) \perp \delta p_h = 0,$$

oder, weil ja der numerische Wert der δp_h beliebig ist:

(4) $$\sum (\mathfrak{m}_h \ddot{p}_h - \bar{k}_h) \perp \delta p_h = 0$$

d. h. „das Gaußsche Prinzip ist dem d'Alembertschen völlig äquivalent".

8. Hamiltons Prinzip.

Auf ein System mit beschränkter oder nicht beschränkter Bewegungsfreiheit mögen Kräfte wirken, die ein Potential $\Phi = \Phi\,(p_1 \cdots p_n)$ besitzen. Seine Wucht ist dann $\Lambda = \sum \frac{\mathfrak{m}_h}{2}\,[p_h \dot{p}_h]^{\underline{2}}$.

Wir nennen mit Hamilton das Integral

(1) $$H = \int_{t_0}^{t} (\Lambda + \Phi)\, dt$$

die „Aktion" des Systems beim Übergang aus der Lage zur Zeit t_0 in die Lage zur Zeit t. Diese Funktion offenbart ihre Bedeutung, wenn wir ihre Variation bilden, ohne die Zeit mitzuvariieren. Man erhält:

$$\text{(2)} \qquad \delta H = \delta \int_{t_0}^{t} (\Lambda + \Phi)\, dt = \int_{t_0}^{t} (\delta\Lambda + \delta\Phi)\, dt.$$

Nun ist $\delta\Lambda = \sum m_h p_h \dot{p}_h \perp \delta\dot{p}_h; \;\; \delta\Phi = \dfrac{\partial\Phi}{\partial p_h}\,\delta p_h$

also $\qquad \delta H = \int_{t_0}^{t} \sum m_h p_h \dot{p}_h \perp \delta\dot{p}_h \cdot dt + \int_{t_0}^{t} \sum \dfrac{\partial\Phi}{\partial p_h}\,\delta p_h \cdot dt$

oder nach partieller Integration über das 1. Glied:

$$\delta H = \sum m_h p_h \dot{p}_h \perp \delta p_h \Big]_{t_0}^{t} - \int_{t_0}^{t} \sum m_h p_h \ddot{p}_h \perp \delta p_h \cdot dt - \int_{t_0}^{t} \sum \dfrac{\partial\Phi}{\partial p_h}\,\delta p_h \cdot dt$$

$$\text{(3)}$$

$$= \sum m_h p_h \dot{p}_h \perp \delta p_h \Big]_{t_0}^{t} - \int_{t_0}^{t} dt \left\{ \sum \left(m_h p_h \ddot{p}_h - p_h \,\Big|\, \dfrac{\partial\Phi}{\partial p_h} \right) \perp \delta p_h \right\}.$$

Nach d'Alemberts Prinzip ist in (3) der Ausdruck unter dem Integralzeichen „Null", wenn, wie wir voraussetzen, die δp_h die etwa vorliegenden Bedingungsgleichungen nicht verletzen.

Die Variation δH ist also nur abhängig vom Anfangs- und Endzustand des Systems und ihrer Variation und verschwindet zugleich mit der letzteren.

Dann ist

$$\text{(4)} \qquad\qquad\qquad \delta H = 0$$

und dies ist Hamiltons Prinzip. Aus ihm folgt umgekehrt wegen der willkürlichen Grenzen des Zeitintegrals sofort die Gültigkeit des Prinzips von d'Alembert. Existiert kein Potential, so tritt an Stelle von $\delta\Phi$ der Arbeitsausdruck $\delta W = \sum p_h \bar{k}_h \perp \delta p_h = \sum \psi_h dp_h$, d. h. ein Blatt ψ_h an Stelle von $\dfrac{\partial\Phi}{\partial p_h}$.

9. Lagranges Gleichungen 2. Art.

Die i Massenpunkte $m_h p_h$ seien sämtlich Funktionen von n unabhängigen Zahlveränderlichen $u_1, u_2 \cdots u_n$ $(n < 3i)$.

Zur Beschreibung der Bewegung genügt dann die Bestimmung der u_r als Funktionen der Zeit: $u_r = u_r(t)$. Sie genügen n skalaren Differentialgleichungen, die wir nun aufstellen.

Wir betrachten dabei zur Abwechslung den Raum als Hauptgebiet 3. Stufe (räumliches Pfeilfeld), also Spate als reine Zahlwerte, und verwenden deshalb d'Alemberts Prinzip in der Form:

$$(1) \qquad \sum (\mathfrak{m}_h \ddot{\mathfrak{p}}_h - \bar{k}_h) \perp \delta \mathfrak{p}_h = 0.$$

(2) Aus $\qquad \mathfrak{p}_h = \mathfrak{p}_h (\mathfrak{u}_1, \mathfrak{u}_2 \cdots \mathfrak{u}_n, t) \qquad$ folgt zunächst:

$$(3) \qquad \delta \mathfrak{p}_h = \sum \frac{\partial \mathfrak{p}_h}{\partial \mathfrak{u}_r} \delta \mathfrak{u}_r \qquad (t \text{ wird } \textbf{nicht} \text{ variiert!}).$$

Wegen der Willkürlichkeit der $\delta \mathfrak{u}_r$ muß (1) insbesondere auch verschwinden, wenn die $\delta \mathfrak{p}_h$ von der besonderen Form $(\delta \mathfrak{p}_h)_* = \frac{\partial \mathfrak{p}_h}{\partial \mathfrak{u}_r} \delta \mathfrak{u}_r$ sind. Hiermit folgt aus (1) nach Unterdrückung des Faktors $\delta \mathfrak{u}_r$:

$$(4) \qquad \sum_h \left(\mathfrak{m}_h \ddot{\mathfrak{p}}_h - \bar{k}_h \right) \perp \frac{\partial \mathfrak{p}_h}{\partial \mathfrak{u}_r} = 0$$

$$(4') \quad \text{oder} \quad \sum_h \mathfrak{m}_h \ddot{\mathfrak{p}}_h \perp \frac{\partial \mathfrak{p}_h}{\partial \mathfrak{u}_r} = \sum_h \bar{k}_h \perp \frac{\partial \mathfrak{p}_h}{\partial \mathfrak{u}_r} = \mathsf{K}_r$$

$$(\mathsf{K}_r = \text{verallgemeinerte Kraftkomponente} = \text{Skalar.})$$

Umgekehrt folgt aus der Erfüllung **aller** dieser $\mathfrak{n}$ Gleichungen (4) wieder die Gültigkeit der (1).

Nun ist:

$$(5) \qquad \dot{\mathfrak{p}}_h = \frac{\partial \mathfrak{p}_h}{\partial t} + \frac{\partial \mathfrak{p}_h}{\partial \mathfrak{u}_1} \dot{\mathfrak{u}}_1 + \cdots + \frac{\partial \mathfrak{p}_h}{\partial \mathfrak{u}_n} \cdot \dot{\mathfrak{u}}_n$$

(6) folglich auch:
$$\frac{\partial \dot{\mathfrak{p}}_h}{\partial \dot{\mathfrak{u}}_r} = \frac{\partial \mathfrak{p}_h}{\partial \mathfrak{u}_r}.$$

Damit wird die linke Seite von (4′):

$$\sum_h \mathfrak{m}_h \ddot{\mathfrak{p}}_h \perp \frac{\partial \mathfrak{p}_h}{\partial \mathfrak{u}_r} = \frac{d}{dt} \sum_h \mathfrak{m}_h \dot{\mathfrak{p}}_h \perp \frac{\partial \mathfrak{p}_h}{\partial \mathfrak{u}_r} - \sum_h \mathfrak{m}_h \dot{\mathfrak{p}}_h \perp \frac{d}{dt} \left(\frac{\partial \mathfrak{p}_h}{\partial \mathfrak{u}_r} \right)$$

$$= \frac{d}{dt} \sum_h \mathfrak{m}_h \dot{\mathfrak{p}}_h \perp \frac{\partial \dot{\mathfrak{p}}_h}{\partial \dot{\mathfrak{u}}_r} - \sum_h \mathfrak{m}_h \dot{\mathfrak{p}}_h \perp \frac{\partial \dot{\mathfrak{p}}_h}{\partial \mathfrak{u}_r}$$

$$= \frac{d}{dt} \sum_h \frac{\partial \left(\frac{\mathfrak{m}_h}{2} \dot{\mathfrak{p}}_h^2 \right)}{\partial \dot{\mathfrak{u}}_r} - \sum_h \partial \frac{\frac{\mathfrak{m}_h}{2} \dot{\mathfrak{p}}_h^2}{\partial \mathfrak{u}_r}.$$

Damit wird (4′):

$$(7) \qquad \frac{d}{dt} \frac{\partial \Lambda}{\partial \dot{\mathfrak{u}}_r} - \frac{\partial \Lambda}{\partial \mathfrak{u}_r} = \mathsf{K}_r$$

als System von $\mathfrak{n}$ skalaren Differentialgleichungen, eben den Lagrangeschen Gleichungen 2. Art.

III. Dynamik des starren Körpers.

1. Die dynamische Grundgleichung des freien starren Körpers.

Die auf ein Massenelement $m_h p_h$ eines starren Körpers wirkende, nicht von den starren Bindungen herrührende Gesamtkraft sei $K_h = p_h \overline{k}_h$. Dann ist die Resultante der auf p_h wirkenden Zwangskräfte durch $(m_h p_h \ddot{p}_h - K_h)$ bestimmt und nach d'Alemberts Prinzip muß sein:

$$(1) \qquad \sum_h (m_h p_h \ddot{p}_h - K_h) \perp \delta p_h = 0.$$

Für starre Körper ist aber gemäß der kinematischen Grundgleichung

$$\delta p_h = |\, (\delta S \cdot p_h)$$

also $\qquad \perp \delta p_h = (\delta S \cdot p_h) \cdot \varpi \qquad (\delta S = \text{virtuelle Schraubung!})$

Damit wird (1):

$$(2) \qquad \sum_h (m_h p_h \ddot{p}_h - K_h) \cdot (\delta S p_h)\, \varpi = \sum_h (m_h p_h \ddot{p}_h - K_h)\, \delta S = 0.$$

Ist insbesondere der Körper frei, also δS willkürlich wählbar, so ist notwendig:

$$(3) \qquad \sum_h (m_h p_h \ddot{p}_h - K_h) = 0.$$

Da beim starren Körper die einzelnen Massenelemente keine individuelle Rolle mehr spielen, lassen wir künftig alle Indizes weg und schreiben unmißverständlich:

$$(3') \qquad \sum m p \ddot{p} = \frac{d}{dt} \sum m p \dot{p} = \sum K = D.$$

Da ferner stets $\dot{p} = |\, (Sp)$, so wird (3'):

$$(3'') \qquad \boldsymbol{j = \frac{d}{dt} \sum m p \,|\, (Sp) = D}$$

als „dynamische Grundgleichung" des freien starren Körpers. (3'') ist als Schraubengleichung sechs Zahlgleichungen äquivalent. Sie genügt daher zur eindeutigen Bestimmung der Bewegung, weil ja der freie starre Körper gerade Bewegungsfreiheit sechsten Grades besitzt. Als erstes Ergebnis folgt aus (3'') der fundamentale Satz:

„Die Wirkung eines Kraftsystems am starren Körper ist lediglich abhängig von der Stabsumme (Dyname) der angreifenden Kräfte. Insbesondere kann daher der Angriffspunkt jeder Kraft längs ihrer Wirkungslinie verlegt werden."

2. Wucht und Arbeit am starren Körper.

1. Die Wucht eines beliebigen Massensystems ist:

$$(1) \qquad \Lambda = \sum \frac{m}{2} \mathfrak{v}^2 \quad (\mathfrak{v} = \operatorname{mod} \dot{p}).$$

Für ein starres System ist aber $\dot{p} = |(Sp)$, also $\operatorname{mod} \dot{p} = \operatorname{mod}(Sp)$; damit ergibt sich:

$$(2) \qquad \Lambda = \sum \frac{m}{2} \mathfrak{v}^2 = \sum \frac{m}{2} [Sp \mid Sp] = \frac{1}{2} \cdot SJ$$

als **fundamentaler Ausdruck für die Wucht** eines starren Systems. Ist die Bewegung stetig, so gibt Differentiation von (2):

$$\dot{\Lambda} = \sum m \, [\dot{S}p \mid Sp] + \sum m \, [S\dot{p} \mid Sp].$$

Das zweite Glied rechts verschwindet wegen $\dot{p} = | Sp$ und es ist:

$$(3) \qquad \dot{\Lambda} = \sum m \, [\dot{S}p \mid Sp] = \dot{S}J.$$

Andrerseits folgt aus $2\Lambda = SJ$: $2\dot{\Lambda} = \dot{S}J + S\dot{J}$,

$$(3') \quad \text{also ist} \qquad \dot{\boldsymbol{\Lambda}} = \dot{\boldsymbol{S}}\boldsymbol{J} = \boldsymbol{S}\dot{\boldsymbol{J}}.$$

2. Bei einer durch $dp = |(Sp) \cdot dt$ bestimmten infinitesimalen Bewegung leisten die Kräfte K die Elementar-Arbeit:

$$dW = \sum K \perp dp = \sum [K \cdot (Sp \cdot \tilde{\omega})] \, dt = \sum KS \cdot dt$$

und somit ist ihr **Effekt:**

$$(4) \qquad \dot{W} = \sum KS = DS,$$

d. h.: „**Der Effekt ist unmittelbar gegeben durch das äußere Produkt der Dyname D mit der Schraubengeschwindigkeit S.**"

Multipliziert man die dynamische Grundgleichung: $\dot{J} = D$ mit S, so ist:

$$S\dot{J} = SD$$

oder nach (3') und (4): $\qquad \dot{\Lambda} = \sum [K \perp \dot{p}] \qquad$ und integriert:

$$(5) \qquad \Lambda_1 - \Lambda_0 = \int_{t_0}^{t_1} \sum [K \perp \dot{p}] \, dt = \int_{(0)}^{(1)} \sum [K \perp dp],$$

d. h. die Zunahme der Wucht ist gleich der von den äußeren Kräften geleisteten Arbeit.

Haben insbesondere die äußeren Kräfte ein Potential, derart, daß die auf das Massenelement $m \cdot p$ wirkende Kraft sich darstellt als

$$K = m \left[p \mid \frac{\partial \Phi}{\partial p} \right] \quad (\text{vgl. II, § 4}),$$

so wird:

$$\Lambda_1 - \Lambda_0 = \int_{(0)}^{(1)} \sum [K \perp dp] = \int_{(0)}^{(1)} \sum \mathfrak{m} \left[\frac{\partial \Phi}{\partial p} dp \right]$$

$$= \sum \mathfrak{m} (\Phi_1 - \Phi_0) = -(\Psi_1 - \Psi_0)$$

(6) oder
$$\Lambda_1 + \Psi_1 = \Lambda_0 + \Psi_0$$

als Gleichung der Energie.

3. Wir schreiben Λ als „Lückenprodukt" $\Lambda = \sum \frac{\mathfrak{m}}{2} \left[()p \mid ()p \right] \cdot S^2$,

(7) oder kurz:
$$\Lambda = \mathfrak{L} \cdot S^2.$$

Infolge der Kommutativität der inneren Multiplikation sind die Lücken vertauschbar und S^2 erscheint als algebraisches Quadrat von S. Stellt sich S dar als Summe $S = U + T$, so ist:

$$\Lambda = \mathfrak{L} \cdot S^2 = \mathfrak{L} \cdot (U + T)^2 = \mathfrak{L} \cdot U^2 + 2\mathfrak{L} \cdot UT^{1)} + \mathfrak{L} \cdot T^2$$

(8)
$$= \sum \frac{\mathfrak{m}}{2} [Up \mid Up] + \sum \mathfrak{m} [Up \mid Tp] + \sum \frac{\mathfrak{m}}{2} [Tp \mid Tp].$$

Die Wucht der Gesamtbewegung setzt sich also nur dann additiv aus derjenigen der beiden durch U und T bestimmten Teilbewegungen zusammen, wenn in (8) das mittlere Glied $\sum \mathfrak{m} [Up \mid Tp]$, das „Deviationsglied", verschwindet. Ist insbesondere U ein Stab (Rotation) und $T = \bar{T}$ ein Schild (Translation), so ist:

(9)
$$\sum \mathfrak{m} [Up \mid \bar{T}p] = \sum \mathfrak{m} [Up\bar{t}] = \mathfrak{m}_s [Us\bar{t}].$$

Demnach verschwindet das Deviationsglied jedenfalls:

a) bei Zerlegung von S in einen Stab $U = s \cdot S\bar{\omega} = s\bar{u}$ durch den Massenmittelpunkt s und in den Schild $sS \cdot \bar{\omega} = \bar{T} = \perp \dot{s}$; d. h. „die Wucht setzt sich additiv zusammen aus der Wucht der Drehbewegung um s und derjenigen der Translationsbewegung des Schwerpunkts s" (Satz von König).

b) bei Darstellung von S in Normalform: $S = U + \mathfrak{r} \mid U$; denn dann ist $\mid (\bar{T}p) = \perp \bar{T} = \mathfrak{r}\,\bar{u}$, also $\sum \mathfrak{m} [Up \mid \bar{T}p] = \mathfrak{m}_s [Us \cdot \mathfrak{r}\bar{u}] = 0$, oder: „die Gesamtwucht ist die algebraische Summe der Wucht der Drehbewegung um die Zentralachse und der Wucht der fortschreitenden Bewegung parallel der Zentralachse."

4. Eine zweite Darstellung der Wucht als Lückenprodukt ist gegeben durch:

(10)
$$\Lambda = \sum \frac{\mathfrak{m}}{2} [S () \mid S ()] \cdot p^2 = [S () \mid S ()] \sum \frac{\mathfrak{m}}{2} p^2.$$

---

1) UT hier $=$ algebraisches Produkt.

Das Integral $\sum \frac{m}{2} p^2$ ($p^2 = $ algebraisches Quadrat von p) ist durch die Konfiguration des starren Körpers bestimmt und ändert sich während der Bewegung nicht. Solche Integrale können, wie Mehmke 1884[1]) zeigte, für sich ausgewertet werden, ohne Rücksicht auf die besondere Art des Lückenausdrucks, der ihre geometrische Bedeutung bestimmt.

Durch (7) und (10) ist Λ auf zweierlei Weise formell als Produkt eines nur von S und eines nur von der Konfiguration des Körpers abhängigen Anteils dargestellt.

3. Trägheitsmomente.

1. Die Zerlegung der Wucht in Summanden (in § 2) führt unmittelbar zur Betrachtung von Blöcken der Form:

$$\sum m \, [Up \mid Up] = \mathfrak{u}^2 \sum m \, [Ep \mid Ep], \quad (\mathrm{mod}\ E = 1)$$

wenn wir aus $U = \mathfrak{u}E$ den Zahlwert $\mathfrak{u}$ des Stabs U absondern.

(1) $\qquad\qquad$ Der Block: $\mathsf{T} = \sum m \, [Ep \mid Ep]$

ist eine rein geometrische Größe; $\mathrm{mod}\, Ep$ ist offenbar gleich dem Abstand $\mathfrak{r}$ des Punkts p vom Stab E und folglich ist

$$\mathsf{T} = \sum m \, [Ep]^2 = \sum m \mathfrak{r}^2 \ \text{ das } \textbf{Trägheitsmoment}$$

des Körpers um Achse E. Da T in E homogen vom zweiten Grad, so ist der Richtungssinn des Stabs E unwesentlich.

2. Die Darstellung von T als Lückenprodukt:

(2) $\qquad\qquad \mathsf{T} = \sum m \, [(\,)\, p \mid (\,)\, p] \cdot E^2 = \mathfrak{T} \cdot E^2$

führt ohne weiteres zu grundlegenden Sätzen. Ist z. B. E_1 ein zu E paralleler Stab ($E_1 \varpi = E \varpi$), so ist $E_1 - E$ ein zu E paralleler Schild $\bar{E}$ und $E_1 = E + \bar{E}$. Damit wird:

$$\mathsf{T}_1 = \mathfrak{T} \cdot E_1^2 = \mathfrak{T} \cdot E^2 + 2\mathfrak{T} \cdot E\bar{E} + \mathfrak{T} \cdot \bar{E}^2$$

$$= \sum m \, [Ep \mid Ep] + 2 \sum m \, [Ep \mid \bar{E}p] + \sum m \, [\bar{E}p \mid \bar{E}p]$$

(3) $\qquad\qquad = \mathsf{T} + 2\, \mathfrak{m}_s \, [Es \perp \bar{E}] + \mathfrak{m}_s \mathfrak{d}^2,$

wenn wir mod $\bar{E}$, den Abstand der Stäbe E und E_1, mit $\mathfrak{d}$ bezeichnen. Das mittlere Glied verschwindet nur, wenn E durch s geht; dann wird:

(4) $\qquad\qquad\qquad \mathsf{T}_1 = \mathsf{T}_s + \mathfrak{m}_s \mathfrak{d}^2$

als bekannte Formel Steiners für das Trägheitsmoment bei Parallelverlegung einer ursprünglich durch s gehenden Achse.

---

1) Mehmke, Math. Annalen Bd. 23, S. 143 ff.

3. Für alle Achsen E durch einen bestimmten Punkt c ist $E = c\bar{e}$ (mod E = mod $\bar{e}$ = 1). Damit wird (1):

$$(1')\qquad \mathsf{T} = \sum \mathfrak{m}\,[c\bar{e}p \mid c\bar{e}p]$$

eine homogene quadratische Funktion des Achsenpfeils $\bar{e}$.

Trägt man nach P o i n s o t auf jede Achse $c\bar{e}$ nach beiden Seiten $\dfrac{1}{\sqrt{\mathsf{T}}}$ bis x ab, so ist $c\bar{e} = \sqrt{\mathsf{T}} \cdot cx$ und (1') wird:

$$(5)\qquad \sum \mathfrak{m}\,[c\,xp \mid c\,xp] = 1.$$

Dies ist die Gleichung des T r ä g h e i t s e l l i p s o i d s mit Mittelpunkt c, die für projektive Untersuchungen auch in der homogenen Form

$$(5')\qquad \sum \mathfrak{m}\,[c\,xp \mid c\,xp] = [x\bar{\omega}]^2$$

geschrieben werden kann.

Aus (5) folgt durch Differentiation nach x:

$$(6)\qquad \sum \mathfrak{m}\,[dx\,cp \mid c\,xp] = 0$$

d. h. die Tangentialebene in x (an das Trägheitsellipsoid) ist dem Blatt $\gamma_x = \sum \mathfrak{m}\,cp \mid (cxp)$ parallel oder: γ_x ist die zum Halbmesser cx konjugierte Diametralebene.

Soll für $x = a$ ca eine „H a u p t a c h s e" sein, so steht ca senkrecht auf γ_a, also ist, wenn $\mathfrak{p}_a$ ein Proportionalitätsfaktor:

$$(7)\qquad \mathfrak{p}_a \cdot c \mid (ca) = \sum \mathfrak{m}\,cp \mid (cap)$$

und nach Multiplikation mit a:

$$(8)\qquad \mathfrak{p}_a \cdot [ca \mid ca] = \sum \mathfrak{m}\,[cap \mid cap] = 1.$$

Nach Definition ist aber $[ca]^2$ gleich dem reziproken Wert des „Hauptträgheitsmoments" A um Achse ca, folglich

$$\mathfrak{p}_a = \mathsf{A} \qquad\qquad \text{und (7) wird:}$$

$$(9)\qquad \mathsf{A} \cdot c \mid (ca) = \sum \mathfrak{m}\,cp \mid (cap).$$

Ebenso für eine 2. Hauptachse:

$$(9')\qquad \mathsf{B} \cdot c \mid (cb) = \sum \mathfrak{m}\,cp \mid (cbp).$$

Multipliziert man (9) mit b und (9') mit a, so ist:

$$(10)\quad \begin{cases} \mathsf{A} \cdot [cb \mid ca] = \sum \mathfrak{m}\,[cbp \mid cap] \\[4pt] \mathsf{B} \cdot [ca \mid cb] = \sum \mathfrak{m}\,[cap \mid cbp] \end{cases}$$

$(11)\quad$ und subtrahiert: $(\mathsf{A} - \mathsf{B}) \cdot [ca \mid cb] = 0.$

Sind die Hauptachsen verschieden $(A \neq B)$, so ist sicher:

$$(12) \qquad\qquad ca \mid cb = 0$$

d. h. „im Fall ungleicher Hauptträgheitsmomente stehen je 2 Hauptachsen aufeinander senkrecht".

Mit (12) folgt aber aus (10):

$$(13) \qquad\qquad \sum \mathfrak{m} \, [cap \mid cbp] = \sum \mathfrak{m} \, [Ap \mid Bp] = 0.$$

4. Sind $A = m\bar{a}$, $B = m\bar{b}$, $C = m\bar{c}$ 3 einander rechtwinklig schneidende Stäbe vom Zahlwert „1" durch Punkt m, und setzt man $p = m + \mathfrak{x}\bar{a} + \mathfrak{y}\bar{b} + \mathfrak{z}\bar{c}$ (kartesische Koordinaten!), so erhält man leicht: $Ap \mid Bp = -\mathfrak{x}\mathfrak{y} \, [m\bar{a}\bar{b}\bar{c}]$ $= -\mathfrak{x}\mathfrak{y}$ und also

$$(14) \qquad\qquad \sum \mathfrak{m} \, [Ap \mid Bp] = -\sum \mathfrak{m}\mathfrak{x}\mathfrak{y} = \Theta_{AB}.$$

Für einander rechtwinklig schneidende Achsen sind daher die Blöcke der Form $\sum \mathfrak{m} \, [Ap \mid Bp]$ mit den Rankineschen Deviationsmomenten identisch, und nach (13) verschwinden die Deviationsmomente um die Hauptachsen.

Wir erweitern diesen Begriff und nennen $\sum \mathfrak{m} \, [Ap \mid Bp]$ das Deviationsmoment bezüglich der Achsen A und B auch bei beliebigen windschiefen Achsen A und B.

Sind nun $A = m\bar{a}$; $B = m\bar{b}$; $C = m\bar{c}$ die Hauptachsen des Punktes m, ist also

$$\sum \mathfrak{m} \, [Bp \mid Cp] = \sum \mathfrak{m} \, [Cp \mid Ap] = \sum \mathfrak{m} \, [Ap \mid Bp] = 0,$$

so ist für $E = A \cos \hat{\varphi} + B \sin \hat{\varphi}$ sofort auch:

$$(15) \qquad\qquad \sum \mathfrak{m} \, [Cp \mid Ep] = 0.$$

„Das Deviationsmoment bezüglich der einander rechtwinklig schneidenden Achsen C und E verschwindet demnach auch, wenn nur eine derselben eine Hauptachse für ihren Schnittpunkt ist".

Ersetzen wir weiter in (15) E durch den dazu parallelen Stab

$$E_1 = E + \mathfrak{r} \perp C, \qquad\qquad \text{so wird (15):}$$

$$(16) \qquad \sum \mathfrak{m} \, [Cp \mid E_1 p] = \sum \mathfrak{m} \, [Cp \mid Ep] + \mathfrak{r} \underbrace{\sum \mathfrak{m} \, [Cp\bar{c}]}_{= \, 0}$$

d. h. „*das Deviationsmoment bezüglich zweier zueinander senkrechter Achsen C und E_1 ist unabhängig von ihrem kürzesten Abstand und verschwindet, falls eine derselben Hauptachse ist für den auf ihr liegenden Fußpunkt ihres kürzesten Abstands*".

5. Ist A Hauptachse für den Punkt c, so ist nach 4) $\sum \mathfrak{m}\,[Ap\,|\,c\bar{b}p]=0$ für jeden zu A senkrechten Pfeil $\bar{b}$. Soll dieselbe Achse A auch Hauptachse sein für weitere ihrer Punkte $c' = c + \mathfrak{r}\bar{a}$, so muß sein:

$$(17) \quad \sum \mathfrak{m}\,[Ap\,|\,c'\bar{b}p] = \underbrace{\sum \mathfrak{m}\,[Ap\,|\,c\bar{b}p]}_{=\,0} + \mathfrak{r}\sum \mathfrak{m}\,[Ap\,|\,\bar{a}\bar{b}p] = 0;$$

dies tritt dann und nur dann ein, und zwar für jedes $\mathfrak{r}$, wenn

$$\sum \mathfrak{m}\,[Ap\,|\,\bar{a}\bar{b}p] = \sum \mathfrak{m}\,[Ap \perp \bar{a}\bar{b}] = \mathfrak{m}_s\,[As \perp \bar{a}\bar{b}]$$

verschwindet, d. h. wenn A durch s geht.

„Demnach ist eine Hauptachse des Schwerpunkts, und nur eine solche, zugleich Hauptachse für jeden ihrer Punkte."

6. Bestimmung der Hauptrichtungen für einen Punkt c:

Beschränken wir die Rechnung auf das räumliche Pfeilfeld und betrachten daher Spate als reine Zahlen, so ist für $p - c = \bar{p}$ und $x - c = \bar{x}$:

$$(18) \qquad \sum \mathfrak{m}\,[\bar{x}\bar{p} \perp \bar{x}\bar{p}] = 1$$

die Pfeilgleichung des Trägheitsellipsoids um c.

Dem Pfeil $\bar{x}$ ist konjugiert der Schild $\mathfrak{F}(\bar{x}) = \sum \mathfrak{m}\bar{p} \perp (\bar{x}\bar{p})$, also ist für eine Hauptrichtung:

$$\mathfrak{F}(\bar{x}) = \mathfrak{r} \perp x$$

$$(19) \quad \text{oder} \qquad \mathfrak{G}(\bar{x}) = \sum \mathfrak{m}\bar{p} \perp (\bar{x}\bar{p}) - \mathfrak{r} \perp \bar{x} = 0.$$

Notwendige und hinreichende Bedingung hierfür ist, daß

$$\bar{u}\,\mathfrak{G}(\bar{x}) = \bar{x}\,\mathfrak{G}(\bar{u}) = 0$$

und ebenso

$$\bar{x}\,\mathfrak{G}(\bar{v}) = 0$$

$$\bar{x}\,\mathfrak{G}(\bar{w}) = 0$$

für 3 beliebige unabhängige Pfeile $\bar{u}, \bar{v}, \bar{w}$. Dann ist aber auch

$$(20) \qquad \mathfrak{G}(\bar{u}) \circ \mathfrak{G}(\bar{v}) \circ \mathfrak{G}(\bar{w}) = \mathfrak{G}^{III}\,[\bar{u}\bar{v}\bar{w}] = 0.\,{}^{1})$$

Die einer Wurzel $\mathfrak{r}_i$ dieser Zahlgleichung 3. Grads in $\mathfrak{r}$ entsprechende Hauptrichtung ist dann durch

$$\bar{x} \equiv \mathfrak{G}_i(\bar{u}) \circ \mathfrak{G}_i(\bar{v}) \equiv \mathfrak{G}_i(\bar{v}) \circ \mathfrak{G}_i(\bar{w}) \equiv \mathfrak{G}_i(\bar{w}) \circ \mathfrak{G}_i(\bar{u})$$

bestimmt. Die 3 Wurzeln $\mathfrak{r}_i$ sind alle stets reell, wie aus $\bar{y}\,\mathfrak{F}(\bar{x}) = \bar{x}\,\mathfrak{F}(\bar{y})$ durch einfache Betrachtung folgt.

7. Zerlegen wir $E = c\bar{e}$ in 3 rechtwinklige Komponenten durch c:

$$E = \mathfrak{a}A + \mathfrak{b}B + \mathfrak{c}C$$

($\mathfrak{a}, \mathfrak{b}, \mathfrak{c}$ = Richtungskosinusse!), so wird:

$$(21) \qquad \mathsf{T}_E = \mathfrak{a}^2\mathsf{T}_A + \mathfrak{b}^2\mathsf{T}_B + \mathfrak{c}^2\mathsf{T}_C + 2\mathfrak{b}\mathfrak{c}\Theta_{BC} + \cdots$$

---

1) Vgl. Mehmke, Vorlesungen § 59 u. § 87; s. a. d. Anmerk. auf S. V.

und wenn A, B, C die Hauptachsen sind:

$$(22) \qquad T_E = \mathfrak{a}^2 A + \mathfrak{b}^2 B + \mathfrak{c}^2 \Gamma.$$

Entsprechend wird für $\bar{x} = \mathfrak{x}\bar{a} + \mathfrak{y}\bar{b} + \mathfrak{z}\bar{c}$ die Koordinatengleichung des Trägheitsellipsoids:

$$(23) \qquad 1 = T_A \mathfrak{x}^2 + T_B \mathfrak{y}^2 + T_C \mathfrak{z}^2 + 2\Theta_{BC}\mathfrak{y}\mathfrak{z} + \cdots$$

und bezogen auf die Hauptachsen:

$$(24) \qquad 1 = A\mathfrak{x}^2 + B\mathfrak{y}^2 + \Gamma\mathfrak{z}^2.$$

Somit ist die Wucht einer Drehbewegung um E, für welche $U = \mathfrak{u}E$, nach (22) dargestellt durch:

$$(25) \qquad \Lambda_U = \mathfrak{p}^2 A + \mathfrak{q}^2 B + \mathfrak{r}^2 \Gamma$$

($\mathfrak{p} = \mathfrak{u}\mathfrak{a}$; $\mathfrak{q} = \mathfrak{u}\mathfrak{b}$; $\mathfrak{r} = \mathfrak{u}\mathfrak{c} =$ Komponenten der Winkelgeschwindigkeit nach den Hauptachsen).

8. Die Diskussion der Binetschen Trägheitsmomente bezüglich einer Ebene ϵ: $T_\epsilon = \sum \mathfrak{m} \, [\epsilon p]^2$ und der polaren Trägheitsmomente bezüglich eines Punkts c: $T_c = \sum \mathfrak{m} \, [cp]^{\underline{2}}$ verläuft analog.

4. Die Impulsschraube J.

1. **Fundamentalsatz:** Für starre Körper ist nach § 1:

$$(1) \qquad J = \sum \mathfrak{m}p \mid (Sp) = \mathfrak{Q}(S)$$

d. h. J ist eine homogene, lineare Funktion von S.

Sind nun $S_1, S_2 \ldots S_6$ 6 linear unabhängige Schrauben, so kann S dargestellt werden durch:

$$(2) \qquad S = \mathfrak{x}_1 S_1 + \mathfrak{x}_2 S_2 + \cdots + \mathfrak{x}_6 S_6$$

$$(3) \quad \text{und ebenso} \quad J = \mathfrak{x}_1 J_1 + \mathfrak{x}_2 J_2 + \cdots + \mathfrak{x}_6 J_6,$$

wenn wir J_k für $\mathfrak{Q}(S_k)$ schreiben.

Die lineare Verwandtschaft $J = \mathfrak{Q}(S)$, wo $\mathfrak{Q} = \dfrac{J_1, J_2, \ldots J_6}{S_1, S_2, \ldots S_6}$, ist nun dann und nur dann ein-eindeutig, wenn auch die J_k linear unabhängig sind. Bestünde aber eine Gleichung der Form: $J_0 = \sum\limits_k \mathfrak{y}_k J_k = 0$, so entspräche der nach Voraussetzung endlichen Schraubengeschwindigkeit $S_0 = \sum\limits_k \mathfrak{y}_k S_k$ der Impuls $J_0 = \sum\limits_k \mathfrak{y}_k J_k = 0$ und folglich auch die Wucht $\Lambda_0 = \frac{1}{2}S_0 J_0 = 0$. Für jedes endliche S_0 ist aber Λ_0 notwendig positiv-endlich und folglich sind auch die J_k linear unabhängig, d. h.

(4) $\boldsymbol{J = \mathfrak{Q}(S)}$ **ist stets eindeutig umkehrbar:** $\boldsymbol{S = \mathfrak{Q}^{-1}(J)}$[1]).

---

1) Vgl. Mehmke, Vorlesungen, § 86 S. 320 Zeile 11—14.

2. Werden S und J aus **denselben** 6 linear unabhängigen Schrauben $A_1, A_2, \ldots A_6$ linear abgeleitet:

$$(5) \qquad S = \sum \mathfrak{x}_i A_i; \quad J = \sum \mathfrak{y}_i A_i \qquad (6)$$

so folgt aus $\quad \Lambda = \tfrac{1}{2} S J = \tfrac{1}{2} S \mathfrak{Q}(S) = \tfrac{1}{2} J \mathfrak{Q}^{-1}(J) \qquad$ sofort:

a) Λ ist eine homogene bilineare Funktion der Koord. der Schraubengeschw. und des Impulses

b) „ „ „ „ quadratische „ der Koord. der Schraubengeschw.

c) „ „ „ „ „ „ „ „ des Impulses.

3. Aus der dynamischen Grundgleichung $\dot{J} = \sum K$ folgt durch Integration nach t:

$$J_1 - J_0 = \int_{t_0}^{t} dt \left(\sum K \right),$$

oder wenn der Körper anfangs ruhte:

$$(7) \qquad J = \int_{t_0}^{t} dt \left(\sum K \right) = \int_{t_0}^{t} dt D.$$

Wirken nun auf den Körper während einer sehr kurzen Zeit $(t - t_0)$ sehr starke Kräfte, derart, daß $\int_{t_0}^{t} dt D$ eine **endliche** Schraube darstellt, so zeigt sich die Wirkung des „Stoßes" in der Hervorbringung bzw. Änderung des Impulses. $\int_{t_0}^{t} dt D$ heißt in diesem Falle die „Stoßschraube" bzw. „Stoßdyname". Ein bestimmter Stoß auf einen ruhenden Körper erzeugt demnach einen bestimmten Impuls und nach (4) eine hierdurch eindeutig bestimmte Schraubengeschwindigkeit S.

4. Von den· zahlreichen Sätzen, die aus $J = \sum \mathfrak{m} p \,|\, S p$ folgen, seien hier nur einige erwähnt:

Wir zerlegen S in der Form:

$$(8) \qquad S = s\bar{u} + \perp \dot{s}, \qquad \text{dann ist}$$

$$(9) \qquad J = \sum \mathfrak{m} p \,|\, (Sp) = \sum \mathfrak{m} p \,|\, (Up) + \mathfrak{m}_s s\dot{s} = \bar{J}_s + R_s.$$

Denn $\bar{J}_s = \sum \mathfrak{m} p \,|\, (Up)$ ist ein **Schild**, da $\bar{J}_s \varpi = \sum \mathfrak{m} \,|\, (Up) = \mathfrak{m}_s \,|\, (Us)$, wegen $U = s\bar{u}$, verschwindet.

a) Hiermit folgt für die **Zentralachse der Impulsschraube** (nach Kap. I, 3):

$$(10) \qquad W = J - \frac{\Sigma \mathfrak{m} s\dot{s} p \,|\, (Up)}{[s\dot{s}]^2} \,\Big|\, (s\dot{s})$$

(Zur Deutung vgl. Schell, Mech. 2. Bd. IV. Kap. I § 4.)

b) Die Abhängigkeit der Stellung des Schilds $\bar{J}_s$ von der Richtung der Rotationsachse U wird deutlich durch ihre Beziehung zum Trägheitsellipsoid; es ist:

$$(11) \qquad \bar{J}_s = \sum \mathfrak{m} p \mid (Up) \equiv \sum \mathfrak{m} p \mid (Ep) \equiv \sum \mathfrak{m} p \mid (sxp)$$

und dieselbe Stellung hat das Blatt $s\bar{J}_s \equiv \sum \mathfrak{m} sp \mid (sxp)$

d. h. *„die Stellung von $\bar{J}_s$ ist zur Richtung $U (\equiv sx)$ bezüglich des Trägheitsellipsoids konjugiert".*

c) Sollen die Zentralachsen von S und J zusammenfallen, so ist vor allem $J\bar{\omega} \equiv S\bar{\omega}$, d. h. $\dot{s}$ wird parallel zu $\bar{u}$.

Setzen wir $S = U + \mathfrak{r} \mid U$ (U jetzt die **Zentralachse!**), so ist:

$$\dot{s} = \mid (Us) + \mathfrak{r}\bar{u},$$

daher muß Us verschwinden, die Zentralachse U also durch s gehen. (9) muß demnach J bereits in **Normalform** darstellen, d. h. $\bar{J}_s$ muß zu R_s senkrecht sein. Notwendige und hinreichende Bedingung dafür ist, daß $V\bar{J}_s = \sum \mathfrak{m} [Vp \mid Up]$ verschwindet für **jeden** zu $U(= s\bar{u})$ senkrechten Stab V. Nach § 3, Nr. 4) und 5) ist diese Bedingung dann und nur dann erfüllt, wenn U in eine Hauptträgheitsachse des Schwerpunkts fällt.

Nach Nr. 1) dieses Paragraphen sind alle Sätze über Beziehungen zwischen J und S eindeutig umkehrbar. Z. B. erzeugt ein beliebiger Stoß J stets eine Schraubengeschwindigkeit S, welche eine Translationsgeschwindigkeit $\dot{s} = \dfrac{1}{\mathfrak{m}_s} \cdot J\bar{\omega}$ in Verbindung mit einer Drehgeschwindig- U um s bestimmt, welche in die zur Diametralebene $sJ = s\bar{J}_s$ des Zentralellipsoids konjugierte Richtung fällt.

5. Die Kraftschraube oder Dyname D.

In der dynamischen Grundgleichung treten die angreifenden Kräfte nur in der Verbindung $D = \sum K$ auf. Für die Äquivalenz oder die Zerlegung solcher Dynamen gelten deshalb ohne weiteres die in Kapitel I entwickelten allgemeinen Sätze über Größen 2. Stufe.

Ist insbesondere $DD = 0$, so ist D äquivalent einem Stab (falls $D\bar{\omega} \neq 0$), d. h. einer „Einzelkraft", oder einem Schild ($D\bar{\omega} = 0$), d. h. einem „Kräftepaar".

Z. B. ist im Feld der **irdischen Schwere** $D = \sum K = \sum \mathfrak{m} p \bar{g} = \mathfrak{m}_s s\bar{g}$ stets eine **Einzelkraft** durch s.

Dagegen ist im **homogenen Magnetfeld**, dessen Feldstärke nach Größe und Richtung durch $\bar{h}$ gegeben sei, wenn dabei die „$\mathfrak{m}$" die magnetischen Ladungen bezeichnen:

$$K = \mathfrak{m} p \bar{h}; \quad D = \sum \mathfrak{m} p \bar{h} = \overline{\mathfrak{m} h}$$

ein Kräftepaar, da wegen $\sum \mathfrak{m} = 0$ $\sum \mathfrak{m}p$ einen Pfeil $\bar{m}$, die im Magnet feste Richtung der magnetischen Achse, definiert.

Der Darstellung von D in Normalform:

$$D = R + \mathfrak{r} \mid R$$

entspricht die Zerlegung der Dyname in eine Einzelkraft R und ein dazu senkrechtes Kräftepaar $\mathfrak{r} \mid R$.

Die bereits in Kapitel II berührten Momente einer Dyname D gewinnen für die Mechanik starrer Körper erhöhte Bedeutung. Da aber ihre Darstellung mit Punktrechnung und ihre Beziehungen zu dem durch $\pi = Dp$ bestimmten Nullsystem schon den Gegenstand früherer Untersuchungen bildeten, wird auf eine weitere Behandlung in diesem Auszug verzichtet.

6. Gleichgewichtsbedingung für den starren Körper.

1. Die Grundlage der Statik bildet nach Kapitel II, § 6 das Prinzip der virtuellen Geschwindigkeiten:

(1) $$\sum K \perp \dot{p} = 0.$$

Für starre Körper folgt hieraus nach § 2, Nr. 2) die Grundgleichung der Statik:

(2) $$\sum KS = DS = 0$$

d. h. „*für alle mit den Bedingungen verträglichen virtuellen Schraubengeschwindigkeiten ist der virtuelle Effekt gleich Null*".

Ist der Körper frei beweglich, also S beliebig, so folgt aus (2):

(3) $$D = 0$$

2. Sonderfälle: a) Bewegung um eine feste Achse A:
Hier ist $S = \mathfrak{u}A$, also wird (2):

(2a) $$DS = \mathfrak{u} \cdot DA = 0 \quad \text{für jedes } \mathfrak{u};$$

also ist erforderlich $\qquad DA = 0 \quad$ (Hebelgesetz)

b) Beweglichkeit um einen festen Punkt c:
Da hierbei $S = c\bar{u}$, wird (2):

(2b) $$\begin{cases} Dc\bar{u} = 0 \quad \text{für jedes } \bar{u} \\ \text{und folglich} \quad Dc = 0 \end{cases}$$

somit auch $\qquad cD \cdot \bar{\omega} = \underbrace{[c\bar{\omega}] \cdot D}_{1} + D\bar{\omega} \cdot c = 0,$

also ist $D = c \cdot D\bar{\omega} = c\bar{k}$ eine Einzelkraft durch c.

c) Ist der Körper nur parallel einer festen Ebene ϵ beweglich (mod $\epsilon = 1$), so hat S nach Kapitel I, § 4 die Form:

$$S = U = \mathfrak{u}\, a\bar{n} \quad (\bar{n} = |\,\epsilon;\ a = \text{beliebiger Punkt des Raums}).$$

Die Gleichgewichtsbedingung wird sodann:

$$DS = \mathfrak{u}\,[D\,a\bar{n}] = 0 \quad \text{für jeden Punkt } a \text{ und jedes } \mathfrak{u}$$

(2c)   d. h. $D\bar{n} = 0$

bzw. $D\bar{n} \cdot D = \dfrac{DD}{2} \cdot \bar{n} = 0 \quad \text{oder } DD = 0.$

D ist daher (wegen (2 c)) ein zu ϵ senkrechter Stab (Einzelkraft) oder Schild (Kräftepaar).

d) Beispiele für das Gleichgewicht am freien Körper:

α) Auf die vier Ecken a, b, c, d eines beliebigen Tetraëders wirken, je nach außen, Kräfte in Richtung seiner Höhen und zwar proportional zu den Zahlwerten der gegenüberliegenden Seitenflächen. Diese Kräfte sind:

$$K_1 = a\,|\,(bcd); \quad K_2 = -\,b\,|\,(cda);$$
$$K_3 = c\,|\,(dab); \quad K_4 = -\,d\,|\,(abc)$$

und folglich ist die angreifende Dyname:

(4) $D = a\,|\,(bcd) - b\,|\,(cda) + c\,|\,(dab) - d\,|\,(abc).$

Nun ist $abD = abc\,|\,dab - abd\,|\,abc = 0$

und ebenso verschwinden die Produkte von D mit den 5 anderen Kanten des Tetraëders. Daher ist die Dyname $D = 0$, denn es verschwinden ja ihre Produkte mit 6 linear unabhängigen Größen 2. Stufe. Das Tetraëder ist demnach im Gleichgewicht, und wegen (4) haben die vier Höhen des Tetraëders hyperboloide Lage.

β) Entsprechendes gilt, wenn an den Ecken eines ebenen Dreiecks in Richtung seiner Höhen die Kräfte $K_1 = a\,|\,(bc); K_2 = b\,|\,(ca); K_3 = c\,|\,(ab)$ angreifen.[1]) Auch ihre Summe $D = a\,|\,(bc) + b\,|\,(ca) + c\,|\,(ab)$ verschwindet. Denn man findet durch äußere Multiplikation sofort:

$$aD = bD = cD = 0.$$

Das Ergebnis $D = 0$ bildet in diesem Fall zugleich einen hübschen neuen Beweis für den Satz, daß die Höhen eines Dreiecks sich in einem Punkt schneiden (weil sie linear abhängig sind).

3. **Virtueller Koeffizient**: Wir schreiben D und S in Normalform:

(6)
$$D = K + \mathfrak{p}\,|\,K = \mathfrak{k}\,(A + \mathfrak{p}\,|\,A) \quad (\text{mod } A = 1)$$
$$S = U + \mathfrak{q}\,|\,U = \mathfrak{u}\,(B + \mathfrak{q}\,|\,B) \quad (\text{mod } B = 1).$$

---

1) Hiebei ist die Ebene als Hauptgebiet dritter Stufe zu betrachten!

Damit wird die statische Grundgleichung:

$$(7) \quad 0 = DS = \mathfrak{fu}\,[(A + \mathfrak{p}\,|\,A)\,(B + \mathfrak{q}\,|\,B)]$$
$$= \mathfrak{fu}\,[AB + (\mathfrak{p} + \mathfrak{q})\,A\,|\,B].$$

Der Block: $\mathbf{V} = AB + (\mathfrak{p} + \mathfrak{q})\,A\,|\,B$ ist nichts anderes als Balls „virtueller Koëffizent" der Schrauben D und S. Ist $\mathfrak{d}$ der kürzeste Abstand ihrer Zentralachsen A und B und $\widehat{\varphi}$ deren Richtungsunterschied, so erhalten wir für $\mathbf{V}$ skalar:

$$(8) \quad \mathbf{V} = \mathfrak{d} \cdot \sin\widehat{\varphi} + (\mathfrak{p} + \mathfrak{q})\,\cos\widehat{\varphi}.$$

(7) läßt unter anderem sofort erkennen:

a) Der virtuelle Koeffizient zweier Schrauben bleibt unverändert, wenn man ihre Zentralachsen vertauscht.

b) Im Fall des Gleichgewichts verschwindet der virtuelle Koeffizient der Dyname mit jeder mit den Bedingungen verträglichen virtuellen Schraubengeschwindigkeit.

7. Impulsmomente.

1. Das Moment des Impulses $J = \sum \mathfrak{m}p\,|\,(Sp)$ um einen Punkt c wird für $S = U + \overline{T} = c\bar{u} + \perp \dot{c}$:

$$(1) \quad \mu_c = cJ = \sum \mathfrak{m}cp\,|\,(Sp) = \sum \mathfrak{m}cp\,|\,(c\bar{u}p) + \mathfrak{m}_s cs\dot{c}.$$

Ist c im Körper und im Raume fest ($\dot{c} = 0$) oder ist $c = s$, so verschwindet beidemal das zweite Glied und das Impulsblatt cJ ist konjugiert zur Drehachse $c\bar{u}$ bezüglich des Trägheitsellipsoids um c (bzw. s).

2. Unter denselben Voraussetzungen ($\dot{c} = 0$ oder $c = s$) ist das Moment von J um eine Achse $E = c\bar{e}$ (mod E = mod $\bar{e}$ = 1):

$$(2) \quad \mathsf{M}_E = EJ = \sum \mathfrak{m}\,[Ep\,|\,(Up)],$$

weil das Glied $\sum \mathfrak{m}\,[Ep\,|\,\overline{T}p]$ in beiden Fällen verschwindet.

a) Fällt dabei E mit U zusammen, ist also $U = \mathfrak{u}E$, so ist:

$$(3) \quad \mathsf{M}_E = \mathfrak{u}\sum \mathfrak{m}\,[Ep\,|\,Ep] = \mathfrak{u}\mathsf{T}_E$$

d. h. = Winkelgeschwindigkeit $\times$ Trägheitsmoment um E.

Denselben Wert findet man auch für das Impulsmoment um die Zentralachse des Impulses.

b) Wir zerlegen U in seine Komponenten längs der Hauptachsen des Punktes c (bzw. s):

$$(4) \quad U = \mathfrak{p}A + \mathfrak{q}B + \mathfrak{r}C$$

und erhalten:

$$(5) \quad \mathsf{M}_E = \sum \mathfrak{m}\,[Ep\,|\,Ap] \cdot \mathfrak{p} + \sum \mathfrak{m}\,[Ep\,|\,Bp]\,\mathfrak{q} + \sum \mathfrak{m}\,[Ep\,|\,Cp]\,\mathfrak{r}.$$

Fällt insbesondere E in eine Hauptachse, etwa in A, so ist:

$$(6) \qquad M_A = \sum \mathfrak{m}\,[Ap\,|\,Ap] \cdot \mathfrak{p} = A \cdot \mathfrak{p},$$

weil dann die übrigen Glieder als Deviationsmomente verschwinden.

Anmerkung. In der „Vektoranalysis" ist es üblich, als Impulsmoment statt des Blattes $\mu_c = cJ$ den Pfeil $|\,\mu_c$ anzusehen. Dessen Komponenten nach den Hauptachsen haben nach (6) offenbar die Zahlwerte $A\mathfrak{p}$; $B\mathfrak{q}$; $\Gamma\mathfrak{r}$; denn es ist ja $\mu_c \cdot \bar{a} = M_A$ usw.

8. Neue Ableitung der Eulerschen Kreiselgleichungen.

1. Wir gehen unmittelbar aus von der dynamischen Grundgleichung:

$$(1) \qquad \dot{J} = D$$

und bilden das Moment um eine Achse A (mod $A = 1$):

$$(2) \qquad A\dot{J} = AD = \Delta_A.$$

Da nun allgemein $\dfrac{d[AJ]}{dt} = \dot{A}J + A\dot{J}$, so wird (2), wenn wir noch $AJ = M_A$ setzen:

$$(3) \qquad \dot{M}_A - \dot{A}J = \Delta_A.$$

(3) enthält bereits die Eulerschen Gleichungen als Sonderfall. Denn wählen wir für A eine im Körper feste Hauptachse durch s, so ist: $A = s\bar{a}$ und $\dot{A} = \dot{s}\bar{a} + s\dot{\bar{a}}$, also:

$$(4) \qquad \dot{A}J = s\dot{\bar{a}}J \quad (\text{weil } \dot{s}J \equiv \varpi, \text{ also } \dot{s}\bar{a}J = 0).$$

Da nun $\qquad \dot{\bar{a}} = |\,(U\bar{a}) = -\,\bar{c}\mathfrak{q} + \bar{b}\mathfrak{r}$ [folgt aus § 7 (4)],

also $\qquad\qquad s\dot{\bar{a}} = -\,C\mathfrak{q} + B\mathfrak{r},$

und $\qquad\qquad J = \sum \mathfrak{m}p\,|\,\{App + Bpq + Cpr\} + \mathfrak{m}_s s\dot{s}, \;\; .$

so wird aus (4) (weil die Deviat.-Mom. verschwinden):

$$(5) \qquad \dot{A}J = (B - \Gamma)\,\mathfrak{q}\mathfrak{r}.$$

Nach § 7 (6) ist ferner jetzt: $\dot{M}_A = A\dot{\mathfrak{p}}$ und somit wird (3)

$$
(6)\ \text{und ebenso:}\quad
\left.
\begin{aligned}
A\dot{\mathfrak{p}} - (B - \Gamma)\,\mathfrak{q}\mathfrak{r} &= \Delta_A \\
B\dot{\mathfrak{q}} - (\Gamma - A)\,\mathfrak{r}\mathfrak{p} &= \Delta_B \\
\Gamma\dot{\mathfrak{r}} - (A - B)\,\mathfrak{p}\mathfrak{q} &= \Delta_C
\end{aligned}
\right\}
$$

als bekannte Form der Eulerschen Gleichungen für die Relativbewegung um s. Noch etwas einfacher ist der Beweis im Fall der Rotation um einen festen Punkt c.

2. Das Glied $(B - \Gamma)\,\mathfrak{q}\mathfrak{r}$ (ebenso die entsprechenden) läßt sich bekanntlich deuten als Moment der Zentrifugalkräfte um die Hauptachse A

Wir verallgemeinern diesen Satz für das zweite Glied in (3), d. h. für eine beliebige Achse A durch s (bzw. c):

Nach (4) ist $\dot{A}\dot{J} = s\dot{\bar{a}}J = s\,|\,(U\bar{a})\cdot J = \sum \mathfrak{m}\,[s\,|\,(U\bar{a})\,p\,|\,(Up)]$.

Weil ferner stets $|\,\varphi\cdot\,|\,\psi = |\,(\varphi\cdot\psi)^{1})$, so folgt mittels der Regel des doppelten Faktors:

$$(7) \qquad \dot{A}J = \sum \mathfrak{m}\,[ps\,[U\bar{a}p]\,|\,U] = \sum \mathfrak{m}\,[ps\,|\,U]\,[U\bar{a}p].$$

Andrerseits ist nach I, § 5 B), Gl. (5) der Pfeil der Zentrifugalbeschleunigung:

$$\bar{z} = -\,|\,[U\,|\,(Up)] = -\perp[\bar{u}\perp\{\bar{u}\,(p-s)\}]$$
$$= \mathfrak{u}^2\,(p-s) - [U\,|\,sp]\cdot\bar{u}$$

und die Stabsumme der Zentrifugalkräfte:

$$Z = \sum \mathfrak{m}p\bar{z} = \mathfrak{u}^2\underbrace{\sum \mathfrak{m}sp}_{=\,0} - \sum \mathfrak{m}\,[U\,|\,sp]\,p\,\bar{u},$$

also ihr Moment um $A\ (= s\bar{a})$:

$$AZ = -\sum \mathfrak{m}\,[U\,|\,sp]\,[s\bar{u}\bar{a}p]$$
$$(8) \qquad = \sum \mathfrak{m}\,[ps\,|\,U]\,[Uap]$$

übereinstimmend mit (7). Damit ist der Satz bewiesen.

9. Bewegung des freien Kreisels unter Wirkung einer Einzelkraft durch s.

Ist dauernd $D = s\bar{k}$, so lautet die Bewegungsgleichung:

$$(1) \qquad \dot{J} = \frac{d}{dt}\sum \mathfrak{m}p\,|\,Sp = s\bar{k}$$

und folglich

$$(2) \qquad J\,\varpi = \mathfrak{m}_s\ddot{s} = \bar{k}$$

als Gleichung zur Bestimmung der Bewegung des Schwerpunkts. Wir zerlegen wieder S:

$$(3) \qquad S = s\bar{u} + \perp \dot{s} = U + \bar{T}$$

und erhalten:

$$(1') \qquad \dot{J} = \frac{d}{dt}\sum \mathfrak{m}p\,|\,(Up) + \mathfrak{m}_s s\ddot{s} = s\bar{k}.$$

Infolge (2) ist jedoch $\mathfrak{m}_s s\ddot{s} = s\bar{k}$, daher wird (1'):

$$(1'') \qquad \dot{J}_r = \frac{d}{dt}\sum \mathfrak{m}p\,|\,(Up) = 0$$

und integriert:

$$(4) \qquad \bar{J}_r = \sum \mathfrak{m}p\,|\,(Up) = \text{const.} = \bar{C}$$

---

1) Vgl. Mehmke, Vorlesungen, § 80, S. 292.

d. h. der Impuls der Relativbewegung um s ist ein konstanter Schild $\overline{C}$, ganz unabhängig von der Bewegung des Schwerpunkts s (s. a. § 4 Nr. 4). Hiernach ist das Moment

$$(5) \qquad \mu_s = sJ = s\overline{J}_r = \sum \mathfrak{m}\, sp \mid (Up) = s\,\overline{C}$$

ein Blatt von invariabler Stellung ($\equiv \overline{C}$) und konstantem Zahlwert ($=$ mod $\overline{C}$). Weiter folgt aus (1'') durch Multiplikation mit U:

$$(6) \qquad U\dot{\overline{J}}_r = 0.$$

Nun ist die Wucht der Relativbewegung um s:

$$\Lambda_r = \sum \frac{\mathfrak{m}}{2}\,[Up \mid Up] = \frac{1}{2}\,U\overline{J}_r,$$

woraus in ähnlicher Weise wie in § 2 Nr. 1 folgt:

$$\dot{\Lambda}_r = U\dot{\overline{J}}_r = \dot{U}\overline{J}_r.$$

Damit wird (6): $\qquad\qquad\qquad \dot{\Lambda}_r = 0, \qquad\qquad\qquad$ also integriert:

$$(7) \qquad \Lambda_r = \sum \frac{\mathfrak{m}}{2}\,[Up \mid Up] = \text{const.} = \mathfrak{u}^2 \cdot \mathsf{T}_U.$$

Andrerseits gibt jetzt (4) nach Multiplikation mit U:

$$(8) \qquad U\overline{J}_r = \sum \mathfrak{m}\,[Up \mid Up] = 2\,\Lambda_r = \overline{C}U = \text{const.}$$

d. h. „die Komponente der Winkelgeschwindigkeit in der zu $\overline{C}$ senkrechten ('invariablen') Richtung ist konstant".

    Zur Veranschaulichung der Rotationsbewegung tragen wir auf U dessen Zahlwert von s bis x ab, setzen also $U = sx$. Man nennt x den Pol der Drehung und $\mathfrak{u} = \text{mod}\, sx$ den Radius des Pols.

    Damit wird (7):

$$(9) \qquad \sum \mathfrak{m}\,[sxp \mid sxp] = 2\,\Lambda_r = \text{const.}$$

als Gleichung eines zum zentralen Trägheitsellipsoid ähnlichen und ähnlich gelegenen „Wuchtellipsoids", des Λ-Ellipsoids. Es bildet den ersten geometrischen Ort für den wandernden Drehpol x.

    Ersetzen wir auch in (5) U durch sx:

$$\mu_s = \sum \mathfrak{m}\, sp \mid sxp = s\,\overline{C},$$

so liefert

$$(10) \qquad \left[\sum \mathfrak{m}\, sp \mid (sxp)\right]^2 = \mu_s^2 = (\text{mod}\, C)^2,$$

ebenfalls die Gleichung einer Fläche zweiten Grads, des „M-Ellipsoids", auf welcher x stets liegt.

Nach § 7 Anmerkung hat der Pfeil $\overline{m} = |\,\mu_s$ die Komponenten $A\mathfrak{p}$, $B\mathfrak{q}$, $\Gamma\mathfrak{r}$. Die Koordinatengleichung des M-Ellipsoids, bezogen auf die Hauptachsen des Schwerpunkts, lautet also:

$$(10')\qquad \mu_s^2 = \overline{m}^2 = A^2\mathfrak{p}^2 + B^2\mathfrak{q}^2 + \Gamma^2\mathfrak{r}^2 = \text{const.},$$

während für diejenige des Λ-Ellipsoids mit $U = A\mathfrak{x} + B\mathfrak{q} + C\mathfrak{r}$

$$(9')\qquad 2\,\Lambda_r = A\mathfrak{p}^2 + B\mathfrak{q}^2 + \Gamma\mathfrak{r}^2 = \text{const.}$$

sich ergibt. Beide Ellipsoide sind demnach koxial und $\mathfrak{p}$, $\mathfrak{q}$, $\mathfrak{r}$ die Koordinaten des Drehpols.

Zum Schlusse sei noch die von Poinsot gegebene geometrische Deutung der Relativbewegung um s entwickelt:

Wir differentiieren die Gleichung (9) des Wucht-Ellipsoids nach x:

$$(11)\qquad 2\sum \mathfrak{m}\,[s\,d\,xp \mid sxp] = 0,$$

d. h. die Tangentialebene τ des Λ-Ellipsoids im Drehpol x ist parallel dem Blatt $\sum \mathfrak{m}\,sp \mid (sxp) = \mu_s$, hat also stets die konstante Stellung $\overline{C}$; und weil

$$(12)\qquad \mu_s x = \sum \mathfrak{m}\,[sxp \mid sxp] = 2\,\Lambda_r = \text{const.},$$

so hat x und damit die zu μ_s parallele Tangentialebene τ den räumlich und zeitlich konstanten Abstand $\dfrac{2\,\Lambda_r}{\text{mod}\,\mu_s}$ von μ_s.

Da ferner x als Punkt der Drehachse momentan relativ zu s, und damit zu τ, ruht, so läßt sich die Relativbewegung des Körpers um s auffassen als ein **Rollen des Wucht-Ellipsoids** ohne **Gleitung auf der „invariablen" Ebene** τ.

10. Lineare Schraubensysteme.

1. **Einheiten; Schraubenkoordinaten.** Sind S_1, S_2, $\cdots S_6$ irgend sechs linear unabhängige Größen zweiter Stufe (**Schraubeneinheiten**), so ist jede weitere Schraube mittels Schraubenkoordinaten $\mathfrak{x}_i$ darstellbar durch:

$$(1)\qquad S = \mathfrak{x}_1 S_1 + \mathfrak{x}_2 S_2 + \cdots + \mathfrak{x}_6 S_6 = \sum_1^6 \mathfrak{x}_i S_i,$$

oder: „die Gesamtheit aller Schrauben bildet ein lineares System sechster Stufe".

Im Fall beschränkter Variabilität von S seien die $\mathfrak{x}_i$ Zahlfunktionen der n unabhängigen Zahlveränderlichen $\mathfrak{u}_1$, $\mathfrak{u}_2$, $\cdots \mathfrak{u}_n$ ($\mathfrak{n} \lessgtr 6$), dann ist jede mögliche Variation von S gegeben durch:

$$\delta S = \sum_{1}^{6} \delta \mathfrak{x}_i S_i$$

(2)
$$= \Big(\sum_{1}^{6} \frac{\partial \mathfrak{x}_i}{\partial u_1} S_i \Big) \delta u_1 + \Big(\sum_{1}^{6} \frac{\partial \mathfrak{x}_i}{\partial u_2} S_i \Big) \delta u_2 + \cdots$$

(2′)   oder kurz: $\delta S = U_1 \delta u_1 + U_2 \delta u_2 + \cdots + U_n \delta u_n$

Auch der Variabilitätsbereich von δS bildet also ein l i n e a r e s Schrauben-system, dessen Stufenzahl $\mathfrak{n}$ sich noch weiter erniedrigen kann, falls zwischen den Schrauben U_k eine oder mehrere lineare Beziehungen bestehen.

Wir betrachten deshalb im folgenden mit B a l l lineare Schraubensysteme der Form:

(3)
$$S = \sum_{1}^{n} \mathfrak{x}_i S_i \ (\mathfrak{n} \leq 6)$$

und setzen dabei die S_i bereits als linear unabhängig voraus.

Wir wählen ferner die S_i als e i n f a c h e Schrauben, etwa in Normalform

(4)
$$S_i = A_i + \mathfrak{p}_i \,|\, A_i \ (\mathrm{mod} \ A_i = 1),$$

was ohne Beschränkung der Allgemeinheit möglich ist.

Damit erhalten wir:

(5)
$$S_i \,|\, S_i = A_i \,|\, A_i = 1; \ S_i S_i = 2\,\mathfrak{p}_i\,[A_i \,|\, A_i] = 2\,\mathfrak{p}_i$$

(6)
$$\left\{ \begin{aligned} &S_i \,|\, S_k = A_i \,|\, A_k = \cos(\widehat{A_i A_k}) = \cos\widehat{\varphi} \\ &S_i S_k = A_i A_k + (\mathfrak{p}_i + \mathfrak{p}_k)\,[A_i \,|\, A_k] \\ &\qquad = \mathfrak{d}\sin\widehat{\varphi} + (\mathfrak{p}_i + \mathfrak{p}_k)\cos\widehat{\varphi} \quad (\text{vgl. § 6, Nr. 3}). \end{aligned} \right.$$

Multipliziert man (3) nacheinander mit den S_i, so folgt:

(7)
$$\begin{aligned} S S_1 &= \sum_{1}^{n} \mathfrak{x}_i\,[S_i S_1] \\ &\ \vdots \\ S S_n &= \sum_{1}^{n} \mathfrak{x}_i\,[S_i S_n]. \end{aligned}$$

Diese $\mathfrak{n}$ linearen, nicht-homogenen Zahlgleichungen bestimmen die Koordinaten einer bestimmt gegebenen Schraube S.

Schreiben wir auch S in Normalform:

$$S = \mathfrak{w}\,(A + \mathfrak{p} \,|\, A) \ (\mathrm{mod} \ A = 1), \quad \text{so ist}$$

(8)
$$\begin{aligned} S \,|\, S &= \mathfrak{w}^2\,[A \,|\, A] = \mathfrak{w}^2 \quad (\mathfrak{w} = \text{sog. „Intensität“ der Schraube}) \\ S S &= \mathfrak{w}^2 \cdot 2\,\mathfrak{p}\,[A \,|\, A] = 2\,\mathfrak{p}\,\mathfrak{w}^2 \end{aligned}$$

(9)
$$\left\{ \begin{aligned} &\text{demnach ist} \ \ \mathfrak{w} = \sqrt{S \,|\, S}; \ \ \mathfrak{p} = \frac{SS}{2 \cdot S\,|\,S} = \text{Parameter der Schraube} \\ &\text{in Übereinstimmung mit Kapitel I, § 3.} \end{aligned} \right.$$

Ersetzt man hierin S durch die rechte Seite von (3), so erhält man:

$$(8') \quad \mathfrak{w}^2 = S \mid S = \sum_i \sum_k \mathfrak{x}_i \mathfrak{x}_k [S_i \mid S_k] = \sum_i \mathfrak{x}_i^2 + \overset{i \neq k}{\sum_i \sum_k} \mathfrak{x}_i \mathfrak{x}_k \cos \widehat{\varphi}_{ik}$$

$$2\,\mathfrak{p}\,\mathfrak{w}^2 = SS = \sum_i \sum_k \mathfrak{x}_i \mathfrak{x}_k [S_i S_k] = \sum_i 2\,\mathfrak{p}_i \mathfrak{x}_i^2 + \overset{i \neq k}{\sum_i \sum_k} \mathfrak{x}_i \mathfrak{x}_k [S_i S_k].^{1)}$$

Damit sind Intensität und Parameter der Schraube S durch ihre Koordinaten und die Produkte der Einheitsschrauben dargestellt.

2. **Reziprokale Schrauben.** Ball nennt zwei Schrauben reziprokal, wenn ihr virtueller Koeffizient verschwindet, d. h. wenn gilt:

$$(10) \qquad\qquad RS = 0.$$

Damit aber eine Schraube R reziprokal sei zu allen Schrauben des Systems (3), ist notwendig und hinreichend, daß die $\mathfrak{n}$ Gleichungen erfüllt sind:

$$(11) \qquad RS_1 = 0; \quad RS_2 = 0; \cdots RS_n = 0;$$

oder wenn R mittels Koordinaten $\mathfrak{y}_i$ in der Form gegeben ist:

$$(12) \qquad R = \sum_1^6 \mathfrak{y}_k R_k \quad (R_1 \cdots R_6 = 6 \text{ linear unabhängige Schrauben!})$$

$$(11') \quad \text{so wird (11):} \qquad RS_i = \sum_{k=1}^{k=6} \mathfrak{y}_k R_k S_i = 0.$$

Diese $\mathfrak{n}$ in den $\mathfrak{y}_k$ homogenen Zahlgleichungen $(11')$ gestatten, $\mathfrak{n}$ der Unbekannten $\mathfrak{y}_k$ durch die $(6-\mathfrak{n})$ übrigen linear und homogen auszudrücken, etwa durch die $\mathfrak{y}_1, \mathfrak{y}_2 \cdots \mathfrak{y}_{(6-n)}$. Damit wird aber (12) nach Zusammenfassung der Faktoren gleicher $\mathfrak{y}_k$:

$$(12') \qquad R = \mathfrak{y}_1 Q_1 + \mathfrak{y}_2 Q_2 + \cdots + \mathfrak{y}_{(6-n)} Q_{(6-n)}.$$

Die zum System $\mathfrak{n}^{ter}$ Stufe der $S = \sum \mathfrak{x}_i S_i$ reziprokalen Schrauben bilden also ein lineares System $(6-\mathfrak{n})^{ter}$ Stufe.

Ferner bestimmen die S_i und Q_k zusammen im allgemeinen ein lineares System 6. Stufe. Denn bestünde zwischen den S_i und Q_k eine lineare Abhängigkeit der Form:

$$(13) \qquad \sum_1^n \mathfrak{z}_i S_i + \overset{(6-n)}{\sum_1} \mathfrak{z}_k' Q_k = 0$$

so erhielte man durch sukzessive Multiplikation mit $S_1, S_2 \cdots S_n$:

---

1) Die $S_i S_k$ siehe (6).

$$\sum_1^n \delta_i\, S_i\, S_1 = 0$$

(14)
$$\vdots$$

$$\sum_1^n \delta_i\, S_i\, S_n = 0$$

da ja nach Voraussetzung alle Produkte $S_i Q_k$ verschwinden.

Die $\mathfrak{n}$ Gleichungen (14) sind aber nur in dem Ausnahmefall verträglich, daß ihre Determinante:

(15)
$$\begin{vmatrix} S_1 S_1 & \cdots\cdots & S_1 S_n \\ \vdots & & \vdots \\ S_n S_1 & \cdots\cdots & S_n S_n \end{vmatrix} \quad \text{verschwindet.}$$

(15) ist übrigens eine notwendige, aber nur im Fall $\mathfrak{n} = 6$ auch hinreichende Bedingung dafür, daß zwischen den $S_1 \cdots S_n$ eine lineare Abhängigkeit besteht.

3. **Korreziprokale Schrauben.** Als Einheiten des linearen Systems (3) kann man irgend $\mathfrak{n}$ linear unabhängige einfache Schrauben C_h desselben wählen. Sollen je zwei derselben reziprokal sein, so stellen die Bedingungsgleichungen

$$C_h C_k = 0 \quad (h \neq k)$$

$\dfrac{\mathfrak{n}\,(\mathfrak{n}-1)}{2}$ Bedingungsgleichungen für ihre Koordinaten dar.

Zur **eindeutigen** Bestimmung $\mathfrak{n}$ solcher „einfacher" C_h wären aber $\mathfrak{n}\,(\mathfrak{n}-1)$ Gleichungen erforderlich, da jede derselben bereits durch die $(\mathfrak{n}-1)$ Verhältnisse ihrer Koordinaten festgelegt ist. Die Aufgabe läßt also ∞ viele Lösungen zu.

Sind in (3) bereits solche korreziprokale Einheiten gewählt, so wird die 2. der Gleichungen (8′):

(16)
$$\mathfrak{p}\,\mathfrak{w}^2 = \frac{SS}{2} = \sum_i \mathfrak{x}_i^2\, \mathfrak{p}_i$$

und die Koordinaten einer beliebigen Schraube des Systems bestimmen sich im Fall korreziprokaler Einheiten nach (7) einfacher durch die Gleichung:

(17)
$$\mathfrak{x}_i = \frac{SC_i}{C_i C_i}.$$

Beispiel: Im Fall $\mathfrak{n} = 6$ erhält man stets sechs unabhängige korreziprokale Schrauben, wenn man drei sich rechtwinklig schneidende Stäbe A, B, C wählt und setzt:

(18)
$$\begin{cases} C_1 = A + \mathfrak{a}\,|\,A; & C_3 = B + \mathfrak{b}\,|\,B; & C_5 = C + \mathfrak{c}\,|\,C \\ C_2 = A - \mathfrak{a}\,|\,A; & C_4 = B - \mathfrak{b}\,|\,B; & C_6 = C - \mathfrak{c}\,|\,C. \end{cases}$$

4. **Konjugierte Schrauben.** Im folgenden bedeute S stets die Schraubengeschwindigkeit eines starren Körpers, dessen momentane Bewegungsfreiheit durch

$$(3) \qquad S = \sum_{1}^{n}{}' \mathfrak{x}_i S_i \quad (\mathfrak{n} \leqq 6)$$

gegeben sei. Dann entspricht jeder Schraubengeschwindigkeit S eineindeutig[1]) eine Impulsschraube $J = \sum \mathfrak{m} p \mid (Sp) = \mathfrak{Q}(S)$ oder

$$(19) \qquad J = \sum \mathfrak{x}_k J_k{}^1) \quad [J_k = \mathfrak{Q}(S_k)]$$

(20) und die Wucht: $\Lambda = \tfrac{1}{2} S J = \tfrac{1}{2} \sum_i \sum_k \mathfrak{x}_i \mathfrak{x}_k [S_i J_k]$.

Wir nennen nun zwei Schraubengeschwindigkeiten S_i und S_k „konjugiert", wenn

$$(21) \qquad S_i J_k = S_k J_i = 0 \quad \text{ist.}$$

Die Forderung $\mathfrak{n}$ solcher gegenseitig konjugierter einfacher Schrauben des Systems ist also $\dfrac{\mathfrak{n}\,(\mathfrak{n}-1)}{2}$ Zahlgleichungen zwischen ihren Koordinaten äquivalent und die Bestimmung von $\mathfrak{n}$ korreziprokalen und zugleich konjugierten Schrauben bedingt $\mathfrak{n}\,(\mathfrak{n}-1)$ Gleichungen mit ebensovielen Unbekannten. Die Bedeutung ihrer Lösungen enthüllt uns die folgende Aufgabe.

5. **„Hauptschrauben"** des linearen Systems $\mathfrak{n}$-ter Stufe: Den Impuls eines Körpers, dessen Bewegungsfreiheit durch (3) gegeben sei, denken wir uns erzeugt durch eine ebenfalls dem linearen System (3) angehörige „Stoßdyname" D, welche zusammen mit dem Reaktionsstoß R, den sie auslöst, die Schraubengeschwindigkeit S hervorbringt. Dann ist:

$$(22) \qquad J = R + D = \sum \mathfrak{m} p \mid (Sp)$$

Wir nennen nun eine Schraubengeschwindigkeit (bzw. Stoßdyname) eine „Hauptschraube", wenn die erzeugte Schraubengeschwindigkeit S dem Stoß D kongruent ist, d. h. wenn gilt:

$$(23) \qquad D = \mathfrak{r} S.$$

Nun gehört der Reaktionsstoß, das „Zeitintegral der verlorenen Kräfte", gemäß d'Alemberts Prinzip dem zu (3) reziprokalen Systeme an, da für alle durch (3) bestimmten (virtuellen) S der Effekt RS verschwindet. Also ist zu setzen:

$$(24) \qquad R = \mathfrak{x}_{n+1} R_{(n+1)} + \cdots + \mathfrak{x}_6 R_6,$$

wobei nach Nr. 2 die S_i und R_k zusammen ein System sechster Stufe bestimmen. Damit wird (22) wegen (23):

$$(25) \qquad \mathfrak{r} S + R = J$$

---

1) Auch die J_k sind unabhängig! Beweis wie für $\mathfrak{n} = 6$ in § 4., Nr. 1.

und unter Benutzung von (19) und (24):

$$(26) \qquad \mathfrak{r}\left(\sum_1^n \mathfrak{x}_i S_i\right) + \sum_{n+1}^6 \mathfrak{x}_h R_h = \sum_1^n \mathfrak{x}_i J_i$$

$$(27) \quad \text{oder:} \quad \mathfrak{x}_1(\mathfrak{r}S_1 - J_1) + \mathfrak{x}_2(\mathfrak{r}S_2 - J_2) + \cdots + \mathfrak{x}_n(\mathfrak{r}S_n - J_n) +$$
$$\mathfrak{x}_{n+1} R_{n+1} + \cdots + \mathfrak{x}_6 R_6 = 0.$$

Zur Erfüllung von (27) ist notwendig und hinreichend, daß auch ihre Produkte mit den sechs unabhängigen Schrauben S_i und R_h verschwinden. Und da alle $S_i R_h$ verschwinden, erhalten wir:

$$(28) \begin{cases} \left. \begin{aligned} &\mathfrak{x}_1(\mathfrak{r}S_1 S_1 - J_1 S_1) + \cdots + \mathfrak{x}_n(\mathfrak{r}S_n S_1 - J_n S_1) = 0 \\ &\qquad \vdots \qquad\qquad\qquad\qquad \vdots \\ &\mathfrak{x}_1(\mathfrak{r}S_1 S_n - J_1 S_n) + \cdots + \mathfrak{x}_n(\mathfrak{r}S_n S_n - J_n S_n) = 0 \end{aligned} \right\} \quad (28\,\text{a}) \\[2em] \left. \begin{aligned} &\mathfrak{x}_1(- J_1 R_{n+1}) + \cdots + \mathfrak{x}_n(- J_n R_{n+1}) + \sum_{n+1}^6 \mathfrak{x}_h R_h R_{n+1} = 0 \\ &\qquad \vdots \qquad\qquad\qquad \vdots \qquad\qquad\qquad \vdots \\ &\mathfrak{x}_1(- J_1 R_6) \quad + \cdots + \mathfrak{x}_n(- J_n R_6) \quad + \sum_{n+1}^6 \mathfrak{x}_h R_h R_6 = 0. \end{aligned} \right\} (28\,\text{b}) \end{cases}$$

Die ersten $\mathfrak{n}$ dieser Gleichungen sind nur verträglich, wenn ihre Determinante H verschwindet:

$$(29) \qquad H = \begin{vmatrix} (\mathfrak{r}S_1 S_1 - J_1 S_1) & \cdots & (\mathfrak{r}S_n S_1 - J_n S_1) \\ \vdots & & \vdots \\ (\mathfrak{r}S_1 S_n - J_1 S_n) & \cdots & (\mathfrak{r}S_n S_n - J_n S_n) \end{vmatrix} = 0$$

und dies ist eine Zahlgleichung $\mathfrak{n}^{\text{ten}}$ Grades für $\mathfrak{r}$. Jede ihrer Wurzeln ermöglicht ein Lösungssystem $\mathfrak{x}_1 : \mathfrak{x}_2 : \cdots : \mathfrak{x}_n$ der Gleichungen (28 a) und mit jedem solchen Wertesystem der $\mathfrak{x}_1, \mathfrak{x}_2, \cdots \mathfrak{x}_n$ stellen die Gleichungen (28 b) ein lineares, nicht-homogenes System von $(6 - \mathfrak{n})$ Gleichungen dar, welche gerade zur Bestimmung der Koordinaten der Reaktionsdyname genügen.

Im Fall eines f r e i e n starren Körpers ($\mathfrak{n} = 6$) existieren also [mindestens [1])] sechs „Hauptschrauben", für welche, da die Reaktionskräfte wegfallen, $J = \mathfrak{r}S$ wird.

Wir beweisen nun:

a) „Je zwei zu verschiedenen Wurzeln $\mathfrak{r}_1$ und $\mathfrak{r}_2$ der (29) gehörige Hauptschrauben $S^{(1)}$ und $S^{(2)}$ sind zugleich r e z i p r o k a l und k o n j u g i e r t".

---

1) Wie im Falle mehrfacher Wurzeln der Gleichungen (29) lineare Systeme von Hauptschrauben auftreten, sei hier nicht entwickelt!

Denn für sie gilt:

$$J^{(1)} = \mathfrak{r}_1 S^{(1)} + R^{(1)}$$

(30)
$$J^{(2)} = \mathfrak{r}_2 S^{(2)} + R^{(2)},$$

(31)　folglich auch:　　$J^{(1)} S^{(2)} = \mathfrak{r}_1 S^{(1)} S^{(2)}$　(weil $R^{(1)} S^{(2)} = 0$)

(32)　subtrahiert:
$$\frac{J^{(2)} S^{(1)} = \mathfrak{r}_2 S^{(2)} S^{(1)} \quad \text{(weil } R^{(2)} S^{(1)} = 0\text{)}}{J^{(1)} S^{(2)} - J^{(2)} S^{(1)} = (\mathfrak{r}_1 - \mathfrak{r}_2) S^{(1)} S^{(2)}.}$$

Nun ist
$$J^{(1)} S^{(2)} = \sum \mathfrak{m} \, [S^{(2)} p \mid S^{(1)} p] = J^{(2)} S^{(1)};$$

also verschwindet die linke Seite von (32) und für $\mathfrak{r}_1 \neq \mathfrak{r}_2$ ist notwendig:

(33)
$$S^{(1)} S^{(2)} = 0$$

und nach (31) sogleich auch:

(34)
$$J^{(1)} S^{(2)} = J^{(2)} S^{(1)} = 0 \quad \text{wie behauptet.}$$

b) Die den **verschiedenen** Wurzeln $\mathfrak{r}_h$ von (29) entsprechenden **Hauptschrauben** $S^{(h)}$ sind stets **linear unabhängig.**

Denn bestände eine Beziehung der Form:

(35)
$$S^{(0)} = q_1 S^{(1)} + q_2 S^{(2)} + \cdots + q_k S^{(k)} = 0,$$

so wäre notwendig auch

$$S^{(0)} J^{(1)} = q_1 S^{(1)} J^{(1)} = 2 q_1 \Lambda^{(1)} = 0, \text{ d. h. } q_1 = 0$$

und entsprechend müssen **alle** q_i **einzeln** verschwinden.

Die Hauptschrauben $S^{(h)}$ sind demnach linear unabhängig.

c) Hat (29) keine mehrfachen Wurzeln, so existieren gerade $\mathfrak{n}$ linear unabhängige Hauptschrauben, die wir jetzt als Einheiten wählen. Wir erhalten dann für alle Funktionen von S und J die einfachsten Ausdrücke, z. B. für die Wucht:

(36)
$$\Lambda = \tfrac{1}{2} S J = \tfrac{1}{2} \sum \mathfrak{r}_i^2 \, S^{(i)} J^{(i)} = \sum \Lambda^{(i)}.$$

„Die Wucht der Gesamtbewegung ist die algebraische Summe der lebendigen Kräfte der Teilbewegungen um die Hauptschrauben".

d) Im Falle $\mathfrak{n} = 6$ (freier Körper) gilt für jede der sechs Hauptschrauben: $J = \mathfrak{r} S$. Nach § 4, Nr. 4 c) fällt die Zentralachse einer solchen Hauptschraube in eine Hauptträgheitsachse des Schwerpunkts s.
Die Hauptschrauben haben daher die Form:

(37)
$$S^{(1)} = A + \mathfrak{a} \mid A; \quad S^{(3)} = B + \mathfrak{b} \mid B; \quad S^{(5)} = C + \mathfrak{c} \mid C$$
$$S^{(2)} = A + \mathfrak{a}' \mid A; \quad S^{(4)} = B + \mathfrak{b}' \mid B; \quad S^{(6)} = C + \mathfrak{c}' \mid C.$$

Weil dieselben aber korreziprokal und konjugiert sind, so folgt leicht:

$$(38) \qquad \left.\begin{aligned} \mathfrak{a} &= -\,\mathfrak{a}' = \frac{A}{\mathfrak{m}_s} \\[4pt] \mathfrak{b} &= -\,\mathfrak{b}' = \frac{B}{\mathfrak{m}_s} \\[4pt] \mathfrak{c} &= -\,\mathfrak{c}' = \frac{\Gamma}{\mathfrak{m}_s} \end{aligned}\right\} \;(= \text{Hauptträgheitsradien!});$$

damit sind die Hauptschrauben nach Lage und Parameter bestimmt.

6. Lineares Schraubensystem 2. Stufe („Schraubenbüschel"):

Sei insbesondere $\qquad S = \mathfrak{x}_1 S_1 + \mathfrak{x}_2 S_2.$

Wir deuten zur Abwechslung die Schrauben als Dynamen und schreiben deshalb D für S. Die Einheiten seien in Normalform gegeben:

$$(39) \qquad D_1 = A_1 + \mathfrak{p}_1 \mid A_1; \quad D_2 = A_2 + \mathfrak{p}_2 \mid A_2, \qquad \text{dann wird}$$

$$(40) \qquad D = \mathfrak{t}_1\,(A_1 + \mathfrak{p}_1 \mid A_1) + \mathfrak{t}_2\,(A_2 + \mathfrak{p}_2 \mid A_2) = \mathfrak{t}_1 D_1 + \mathfrak{t}_2 D_2.$$

Zur Deutung der Dyname D schreiben wir sie in Normalform:

$$(41) \qquad D = W + \mathfrak{r} \mid W,$$

$$(42) \quad \text{also} \qquad W = D - \frac{DD}{2\,D\mid D}\cdot \mid D \qquad \text{(s. Kap. I § 3, Nr. 5).}$$

Mit Benutzung von (39) erhalten wir dann für

$$(43) \qquad \mathfrak{r} = \frac{DD}{2\,D\mid D}\;:$$

$$(44) \qquad \mathfrak{r} = \frac{\mathfrak{p}_1\,\mathfrak{t}_1^2 + \mathfrak{t}_1\,\mathfrak{t}_2\,[A_1\,A_2] + \mathfrak{t}_1\,\mathfrak{t}_2\,(\mathfrak{p}_1 + \mathfrak{p}_2)\,[A_1 \mid A_2] + \mathfrak{t}_2^2\,\mathfrak{p}_2}{\lfloor\mathfrak{t}_1 A_1 + \mathfrak{t}_2 A_2\rfloor^{\underline{2}}\;(=\mathfrak{w}^z!)}$$

oder, wenn $\mathfrak{b}$ der kürzeste Abstand der Stäbe A_1 und A_2 und $\widehat{A_1 A_2} = \hat{\varphi}$:

$$(44') \qquad \mathfrak{r} = \frac{\mathfrak{p}_1\,\mathfrak{t}_1^2 + \mathfrak{t}_1\,\mathfrak{t}_2\,\mathfrak{b}\cdot\sin\hat\varphi + \mathfrak{t}_1\,\mathfrak{t}_2\,(\mathfrak{p}_1 + \mathfrak{p}_2)\cos\hat\varphi + \mathfrak{t}_2^2\,\mathfrak{p}_2}{\mathfrak{t}_1^2 + \mathfrak{t}_2^2 + 2\,\mathfrak{t}_1\,\mathfrak{t}_2\cos\hat\varphi}.$$

Nach (42) ist der geometrische Ort der Zentralachsen W, als Funktion des Verhältnisses $\dfrac{\mathfrak{t}_2}{\mathfrak{t}_1}$ sofort durch:

$$(45) \qquad W \equiv \frac{2\,[D\mid D]\cdot D - [DD]\cdot \mid D}{\mathfrak{t}_1^3} = X \quad \text{gegeben.}$$

Der Zähler rechts ist homogen vom 3. Grad in $\mathfrak{t}_1$ und $\mathfrak{t}_2$. Demnach ist die rechte Seite vom 3. Grad in $\mathfrak{x} = \dfrac{\mathfrak{t}_2}{\mathfrak{t}_1}$ und (45) ist die Gleichung einer Regelfläche 3. Grads, des „Zylindroids".

Ist L der Stab des kürzesten Abstandes der Achsen A_1 und A_2, so ist unmittelbar:

$$(46) \quad \begin{aligned} L A_1 &= 0; \quad L \mid A_1 = 0 \\ L A_2 &= 0; \quad L \mid A_2 = 0, \end{aligned}$$

$$(47) \quad \text{somit auch stets:} \quad L W = 0; \quad L \mid W = 0$$

d. h. *„Sämtliche Erzeugende W des Zylindroids schneiden die 'Leit-linie' L rechtwinklig."*

Sollen 2 zu verschiedenen Werten $\mathfrak{x}$ und $\mathfrak{x}'$ der Veränderlichen gehörige Erzeugende X und X' einander rechtwinklig schneiden, so erhalten wir hierfür die 2 Bedingungsgleichungen:

(48a) $$X \mid X' = 0 \quad \text{und} \quad XX' = 0;$$ (48b)

(48a) ist äquivalent mit

(48a') $$\frac{D \mid D'}{\mathfrak{k}_1^2} = A_1^2 + (\mathfrak{x} + \mathfrak{x}')\,[A_1 \mid A_2] + \mathfrak{x}\mathfrak{x}' A_2^2 = 0,$$

(48b) dagegen mit

(48b') $$WW' = DD' - (\mathfrak{x} + \mathfrak{x}')\,[D \mid D'] = 0,$$

also wegen (48a') mit

(48b'') $$\frac{DD'}{\mathfrak{k}_1^2} = 2\mathfrak{p}_1 A_1^2 + (\mathfrak{x} + \mathfrak{x}')\,\{A_1 A_2 + (\mathfrak{p}_1 + \mathfrak{p}_2)\,[A_1 \mid A_2]\}$$
$$+ 2\mathfrak{x}\mathfrak{x}'\mathfrak{p}_2 A_2^2 = 0.$$

Beide Gleichungen bestimmen eindeutig ein Wertepaar $\mathfrak{x}, \mathfrak{x}'$ und damit ein bestimmtes Paar sich rechtwinklig schneidender Erzeugenden A und B. Wählen wir als Einheiten des Systems (40) die Dynamen, deren Zentralachsen mit A und B zusammenfallen:

$$D_1 = A + \mathfrak{p} \mid A; \quad D_2 = B + \mathfrak{q} \mid B, \qquad \text{so wird (45):}$$

(49) $$X\,(\equiv W) = \underbrace{(1 + \mathfrak{x}^2)\,A + (\mathfrak{x} + \mathfrak{x}^3)\,B}_{X_0} + \underbrace{\mathfrak{x}^2\,(\mathfrak{p} - \mathfrak{q}) \mid A - \mathfrak{x}\,(\mathfrak{p} - \mathfrak{q}) \mid B}_{\overline{X}}$$

als spezielle Form der geometrischen Gleichung des Zylindroids.

Stab X erscheint hiernach als geometrische Summe des Stabs X_0 in Ebene (AB) und des zu ihm parallelen, auf Ebene (AB) senkrechten Schilds $\overline{X}$. Der Winkel von X, bzw. X_0, mit A ist sogleich bestimmt durch

$$\mathrm{tg}\,\widehat{\varphi} = \frac{\mathfrak{x} + \mathfrak{x}^3}{1 + \mathfrak{x}^2} = \mathfrak{x}$$ und der Abstand des Stabs X von X_0 durch den Quotienten $$\frac{\mathrm{mod}\,X}{\mathrm{mod}\,X_0} = \frac{\mathfrak{x}\,(\mathfrak{p} - \mathfrak{q})}{1 + \mathfrak{x}^2} = \frac{\mathrm{tg}\,\widehat{\varphi}}{1 + \mathrm{tg}^2\widehat{\varphi}}\,(\mathfrak{p} - \mathfrak{q}) = \frac{(\mathfrak{p} - \mathfrak{q})}{2}\,\sin 2\widehat{\varphi}.$$

Damit ergibt sich ohne weiteres auch die **Koordinatengleichung** des Zylindroids, bezogen auf A, B und $C\,(\equiv L)$ als Achsen:

(50) $$\mathfrak{z}\,(\mathfrak{x}^2 + \mathfrak{y}^2) - (\mathfrak{p} - \mathfrak{q})\,\mathfrak{x}\mathfrak{y} = 0.$$

Von den zahlreichen Folgerungen, die sich aus der Gleichung (40) eines „Dynamenbüschels" ziehen lassen, seien zum Schlusse noch einige erwähnt:

a) Sind 3 Dynamen im Gleichgewicht:

$$D_1 + D_2 + D_3 = 0,$$

so gehören ihre Zentralachsen ein und demselben Zylindroid als Erzeugende an. Wegen $D_1 \widetilde{\omega} + D_2 \widetilde{\omega} + D_3 \widetilde{\omega} = 0$ bilden die resultierenden Kraftpfeile ein geschlossenes Dreieck.

b) Ist eine Schraube S reziprokal zu 2 Dynamen D_1 und D_2, so ist auch $S(\mathfrak{k}_1 D_1 + \mathfrak{k}_2 D_2) = 0$; d. h. S ist reziprokal zu allen Dynamen des durch D_1 und D_2 bestimmten Büschels (Zylindroids).

c) Ist, wie in b), $S D_1 = 0$ und $S D_2 = 0$ und schreibt man S in Normalform:

$$S = X + \mathfrak{r} \mid X,$$

so ist auch: $D_1 X + \mathfrak{r} D_1 \mid X = 0$ und $D_2 X + \mathfrak{r} D_2 \mid X = 0$.

Die Gesamtheit der Zentralachsen X aller zu dem Büschel (40) reziprokalen Schrauben S bildet also den quadratischen Komplex:

$$\begin{vmatrix} D_1 X & D_1 \mid X \\ D_2 X & D_2 \mid X \end{vmatrix} = 0.$$

Diejenigen dieser Zentralachsen, welche außerdem durch den Punkt c gehen, für welche also $X = c\bar{x}$, genügen der Gleichung:

$$\begin{vmatrix} D_1 c\bar{x} & D_1 \mid c\bar{x} \\ D_2 c\bar{x} & D_2 \mid c\bar{x} \end{vmatrix} = 0.$$

Sie bilden also einen Kegel 2. Grads mit Spitze c.

Druckfehlerberichtigung.

Die Seite mit Inhalts- und Literaturverzeichnis ist = Seite IV.

Die Seite mit den Benennungen und Bezeichnungen ist = Seite V.

Die Seite mit den Zerlegungsformeln ist = Seite VI.

Seite 1 Zeile 8 von oben lies: Der Differentialquotient $\frac{dp}{dt} = \dot{p}$ $\left(\text{statt } \frac{dp}{dt} = p\right)$.

Seite 5 Schluß der Zeile 3 von unten setze ein Komma nach „dar".

Seite 7 Zeile 5 von unten lies: $\alpha\dot{p} = 0 \ldots$ (statt $\alpha p'$).

Seite 9 Zeile 13 von oben lies: $\ldots \mathfrak{k}_2 \mathfrak{u}_2$ (deutsches $\mathfrak{u}_2$) (statt $\mathfrak{k}_2 u_2$).

Seite 10 Zeile 15 von oben lies: nicht linear abhängig (statt linear unabhängig).

Seite 12 Zeile 11 von unten lies: $\sin (\widehat{\bar{u}\overset{\circ}{p}})$ (Winkelhaken richtig setzen!)

Seite 13 Zeile 9 von oben in Gl. (6') lies: $-2 \perp (\bar{u}\overset{\circ}{p})$ (statt $\perp (up)$).

Seite 13 Zeile 9 von unten lies: $\overset{\circ}{p}$ und $\overset{\circ\circ}{p}$ stets zu α parallel.

Seite 14 Zeile 13 in Gl. (9) lies: $\mathfrak{m}\overset{\times\times}{p} = \bar{k}_\alpha$ (deutsches „$\mathfrak{m}$").

Seite 19 Anmerkung zu Gl. (11') (= Zeile 15 von oben): $\hat{\varphi}$ = Winkel von $\bar{r}$ mit einer gewissen durch Gl. (15') bestimmten Anfangsrichtung.

Seite 20–21 sind in § 6 von Gl. (3) ab bis zum Schluß des Paragraphen durchweg die A_i durch A_i (große griechische Buchstaben) zu ersetzen. Ebenso in Gl. (6) und (6') die A_1 und $A_\mathfrak{r}$ durch A_1 und $\mathsf{A}_\mathfrak{r}$.

Seite 21 Zeile 3 von unten lies: $\Delta p_h = p_h' - p_h''$ (d. h. p_h', nicht p_h').

Seite 23 Zeile 8 von unten lies: $\delta\mathsf{w} = \sum p_h \bar{k}_h \perp \delta p_h = \sum p_h \perp \bar{k}_h \cdot \delta p_h$

$= \sum \psi_h \delta p_h$, d. h. ein Blatt $\psi_h = p_h \quad \bar{k}_h$ an Stelle von $\dfrac{\partial \Phi}{\partial p_h}$.

Seite 29 Zeile 10 von unten lies: $[ca]^2$ (statt $[ca]^3$).

Seite 39 Zeile 4 von unten lies: $\mathfrak{m}_s s\ddot{s}$ (deutsches „$\mathfrak{m}$").

Seite 40 Zeile 3 von unten lies: $\left[\sum \mathfrak{m}\, sp \mid sxp\right]^2 = \mu_s^2 = (\bmod \bar{C})^2$.

Mechanik. Redigiert von F. Klein in Göttingen und C. H. Müller in Hannover. In 2 Teilen (4 Teilbänden) und 1 Registerband [dieser in Vorbereitung]. (Enzyklopädie der mathematischen Wissenschaften mit Einschluß ihrer Anwendungen. 4. Band.)

I. Teil, Abteilung 1 (1. Teilband). 1901/8. Geb. M. 78.–. — Abteilung 2 (2. Teilband). Heft 1. 1904. Geh. M. 13.20. Heft 2. 1911. Geh. M. 19.20. Heft 3. 1914. Geh. M. 13.80
II. Teil, Abteilung 1 (3. Teilband). 1907/8. Geh. M. 70.–. Abteilung 2 (4. Teilband). 1907/14. Geh.. . . . . M. 90.—

Die elementare Mechanik. Eine Begründung der allgemeinen Mechanik; die Mech. d. Systeme starrer Körper; d. synthet. u. d. Elemente d. analyt. Methoden sowie eine Einführ. i. d. Prinz. d. Mech. deformierbarer Systeme. Von Dr. G. Hamel, Prof. a. d. Techn. Hochsch., Charlottenburg. Mit 265 Fig. [XVII u. 634 S.] gr. 8. 1912. Geh. M. 72.—, geb. M. 84.—

Mechanik. Von Dr. G. Hamel, Professor an der Techn. Hochschule Charlottenburg. Bd. I: Grundbegriffe der Mechanik. Mit 38 Fig. im Text. [132 S.] 8. 1921. Bd. II: Mechanik der festen Körper. Bd. III: Mechanik der flüssigen und luftförmigen Körper. (ANuG Bd. 684/86.) Kart. je M. 6.80, geb. je M. 8.80. [Bd. II u. III in Vorbereitung 1921.]

Das Buch kann allen denen empfohlen werden, die ohne höhere mathematische Kenntnisse einen allgemeinen Überblick über die Mechanik zu gewinnen wünschen, als auch denen, die ein umfassendes Studium beginnen wollen.

Vorlesungen zur Einführung in die Mechanik raumerfüllender Massen. Von Dr. A. von Brill, Prof. an der Univers. Tübingen. Mit 27 Fig. i. Text. [X u. 236 S.] 8. 1909. Geh. M. 25.—, geb. M. 30.—.

„Neben Kürze und Einfachheit zeichnen noch Klarheit, umfassende Gesichtspunkte und moderne Hilfsmittel das ganze Lehrbuch aus." (Literar. Zentralbl.)

Vorlesungen über technische Mechanik. Von Geh. Hofrat Dr. A. Föppl, Professor an der Techn. Hochschule München. gr. 8.

I. Bd.: Einführung in die Mechanik. 7. Aufl. Mit 104 Fig. [XVI u. 414 S.] gr. 8. 1921. Geh. M. 50.—, geb. . . . . M. 60.—
II. Bd.: Graphische Statik. 5. Auflage. Mit 209 Abb. [XII u. 404 S.] 1920. Geh. M. 60.—, geb. . . . . M. 72.—
III. Bd.: Festigkeitslehre. 8. Auflage. Mit 114 Abb. [XVIII u. 446 S.] 1920. Geh. M. 63.60, geb. . . . . M. 75.60
IV. Bd.: Dynamik. 6. Aufl. Mit 86 Fig. [X u. 417 S.] 1921. Geh. M. 58.—, geb. M. 66.—
V. Bd.: Die wichtigsten Lehren der höheren Elastizitätstheorie. 4. Aufl. [U. d. Pr. 21]
VI. Bd.: Die wichtigsten Lehren der höheren Dynamik. 3. Aufl. Mit 30 Abb. im Text. [XII u. 490 S.] 1921. Geh. 69.60, geb. . . . . M. 84.—

Theoretische Mechanik. Von Dr. R. Marcolongo, Prof. an der Univ. Neapel. Deutsch von H. E. Timerding, Prof. an der Techn. Hochschule Braunschweig. 2 Bände. gr. 8. Geh. je M. 30.—, geb. je M. 33.—

I. Bd. Kinematik u. Statik. Mit 110 Fig. [VIII u. 346 S.] 1911.
II. Bd. Dynamik u. Mechanik d. deform. Körper. Mit 38 Fig. [VII u. 344 S.] 1912.

Theorie der Bewegung und der Kräfte. Ein Lesebuch der theoretischen Mechanik mit besonderer Rücksicht auf das Bedürfnis technischer Hochschulen. Von W. Schell. Mit vielen Holzschnitten. 2., umgearbeitete Auflage. 2 Bände. 8.

I. Bd.: [XVI u. 580 S.] 1879. Geh. M. 48.—
II. Bd.: [XII u. 618 S.] 1880. Geh. M. 48.—, geb. M. 60.—

Die Mechanik. Eine Einführung mit metaphysischem Nachwort von Dr. L. Tesař, Prof. an der k. k. Staatsrealschule in Wien, XX. Bezirk. Mit 111 Fig. [XIV u. 220 S.] gr. 8. 1909. Geh. M. 9.60, geb. M. 12.—

VERLAG VON B. G. TEUBNER IN LEIPZIG UND BERLIN